剪映影视特效剪辑108例

视频制作+创意后期+电影调色+片头片尾

伏龙◎编著

化学工业出版社

·北京·

内 容 简 介

如何快速成为一名特效剪辑师，制作出各类爆款热门视频和电影级特效?

如何轻松成为一名电影调色师，制作出抖音快手等各个平台的网红色调?

如何制作出专业级片头和片尾，让人一看就觉得是影视级别的行业水平?

本书安排了：【视频制作篇】+【创意后期篇】+【电影调色篇】+【片头片尾篇】+【电脑版剪映】5大篇幅、13章专题内容、108例干货技巧，向读者介绍用剪映制作影视后期特效的全流程。本书赠送配套教学视频、操作素材、效果文件，通过整体、系统的学习，相信小白也能成为影视特效制作高手。

书中包含的具体内容有：影视剪辑入门、制作影视字幕、添加后期音频、打造热门爆款、抠像创意合成、制作视频特效、玩转影视特效、渲染高级色调、调出电影色调和制作片头片尾等，最后以电影《阿甘正传》为例，用剪映电脑版讲解了电影解说的剪辑与制作技巧，从而掌握中、长视频的剪辑方法。

本书适合视频剪辑者、影视特效后期人员和电影调色师等人员阅读，也可作为影视、后期相关专业的教材。

图书在版编目（CIP）数据

剪映影视特效剪辑108例：视频制作+创意后期+电影调色+片头片尾 / 伏龙编著. —北京：化学工业出版社, 2022.7（2023.7重印）

ISBN 978-7-122-41286-7

Ⅰ. ①剪… Ⅱ. ①伏… Ⅲ. ①图像处理软件 Ⅳ. ①TP391.413

中国版本图书馆CIP数据核字（2022）第067967号

责任编辑：李　辰　孙　炜　　封面设计：异一设计

责任校对：边　涛　　装帧设计：盟诺文化

出版发行：化学工业出版社（北京市东城区青年湖南街13号　邮政编码100011）

印　　装：天津图文方嘉印刷有限公司

710mm×1000mm　1/16　印张$15^1/_2$　字数400千字　2023年7月北京第1版第2次印刷

购书咨询：010-64518888　　售后服务：010-64518899

网　　址：http://www.cip.com.cn

凡购买本书，如有缺损质量问题，本社销售中心负责调换。

定　　价：88.00元

前言

数据显示，抖音中的“调色”话题总播放量达到了 30 亿次，“特效制作”话题总播放量达到了 58 亿次，“影视剪辑”的话题总播放量更是达到了 2350 亿次。可见，影视调色、影视特效制作和影视剪辑是视频用户需求量最大的技能。因此，视频创作向影视化发展是当下的趋势。

短视频时代，人人都可以成为原创视频创作者，也能拍摄和制作影视视频。在影视视频后期处理中，剪映这款软件就成为了大家最多的选择。

剪映界面简洁、操作难度低、上手快，几乎所有年龄段的人群都能使用。作为电脑版的剪映，也更新了功能，方便用户剪辑影视视频，以及制作中、长视频。因此，对于视频用户来说，剪映是一款必不可少的软件。

视频时代方兴未艾，剪映软件也发展得如火如荼，用户对视频剪辑的需求也就越来越多，大家不再是单一的剪辑视频，对视频制作的要求也逐步影视化。因此，利用剪映进行影视剪辑、制作影视特效、调出电影色调，也是人们审美水准提高的表现。本书在市场和用户的需求下，精选了 108 个影视干货技巧，帮助大家利用剪映软件制作影视视频。

本书主要从视频制作篇、创意后期篇、电影调色篇、片头片尾篇和电脑版剪映这五大篇幅着手，全书共分为 13 章专题内容，108 例纯高手干货技巧，再通过手机版剪映 App 和电脑专业版剪映这两条线展开编写。

【视频制作篇】：介绍了影视剪辑入门、制作影视字幕、添加后期音频和打造热门爆款等 37 个干货技巧，帮助用户掌握基础的影视剪辑操作及制作抖音爆款视频。

【创意后期篇】：介绍了抠像创意合成、制作视频特效和玩转影视特效等内容，涵盖了各种经典和热门的影视特效案例，让用户在剪映 App 中也能制作影视同款特效。

【电影调色篇】：介绍了如何渲染高级色调和调出电影色调，帮助大家丰富视频色彩，让用户制作的视频色调更具影视化。

【片头片尾篇】：介绍如何制作片头片尾，共有 10 个片头和 7 个片尾，类型多样，选择丰富，用户可以根据视频的需要制作同款片头片尾，让视频的开头和结尾更加吸引人。

【电脑版剪映】：介绍如何在电脑版剪映中制作电影解说视频，包括前期准备流程和后期实战步骤，让用户学会如何剪辑中、长视频，从而独立制作出电影解说视频。

在编写本书时，笔者是基于当前各平台和软件截取的实际操作图片，但从编辑到出版需要一段时间，在这段时间里，软件界面和功能会有调整与变化，请在阅读时，根据书中的思路，举一反三，进行学习即可。

本书及附送的资源文件所采用的图片、模板、音频及视频等素材，均为所属公司、网站或个人所有，本书引用仅为说明（教学）之用，绝无侵权之意，特此声明，也请大家尊重书中笔者团队拍摄的素材，不要用于其他商业用途。

本书由伏龙编著，参与编写的人员有邓陆英等人，提供视频素材和拍摄帮助的人员有向小红、王甜康、向秋萍、巧慧、苏苏及燕羽等人，在此表示感谢。

由于作者知识水平有限，书中难免有不足和疏漏之处，恳请广大读者批评、指正，联系微信：2633228153。

编著者

目录

视频制作篇

创意后期篇

电影调色篇

片头片尾篇

电脑版剪映

视频制作篇

第 1 章

8招技巧：影视剪辑入门

本章要点

本章是在剪映App中进行特效制作的入门内容，主要涉及影视素材的导入剪辑、设置变速、编辑画面、复制替换内容、电影倒放、视频防抖、美颜长腿和高清设置等内容。学会这些影视入门操作，稳固好剪辑基础，从而帮助用户在之后的特效制作和视频处理过程中更加得心应手，学会更多的剪辑技巧。

001 导入电影，剪辑片段

扫码看教程

扫码看成品效果

【效果展示】：对于新手来说，熟悉剪映App界面之后，就可以开始学习导入电影和剪辑片段了，操作十分简单，剪辑片段之后的效果如图1-1所示。

图 1-1 剪辑片段之后的效果展示

下面介绍在剪映App中导入电影和剪辑片段的具体操作方法。

步骤 01 在剪映App主界面中点击“开始创作”按钮，如图1-2所示。

步骤 02 进入“照片视频”界面，❶选择需要剪辑的视频素材；❷选中“高清画质”单选按钮；❸点击“添加”按钮，如图1-3所示。

图 1-2 点击“开始创作”按钮

图 1-3 点击“添加”按钮

步骤 03 执行操作后，即可将视频素材导入到剪映App中，如图1-4所示。

步骤 04 ❶选择视频素材；❷拖曳时间轴至视频7s的位置；❸点击“分割”

按钮，如图1-5所示，分割素材。

图 1-4　将素材导入到剪映中

图 1-5　点击“分割”按钮

步骤 05 ❶选择分割后的第二段素材；❷点击“删除”按钮，如图1-6所示，删除多余的素材。

步骤 06 点击⛶按钮，预览画面，如图1-7所示，剪辑之后的素材时长变短了。

图 1-6　点击“删除”按钮

图 1-7　预览画面

002　变速功能，倍数播放

扫码看教程

扫码看成品效果

【效果展示】：在剪映App中，用户可以对素材进行变速处理，让电影素材播放速度变慢或者变快，实现倍速播放的效果。倍速播放的效果如图1-8所示。

图 1-8　倍数播放的效果展示

下面介绍在剪映App中设置倍速播放的具体操作方法。

步骤 01 在剪映App中导入素材，❶选择视频素材；❷点击"变速"按钮，如图1-9所示。

步骤 02 在弹出的面板中点击"常规变速"按钮，如图1-10所示。

图 1-9　点击"变速"按钮

图 1-10　点击"常规变速"按钮

步骤 03 在"变速"面板中拖曳滑块至3.0×，如图1-11所示，让画面播放速度变快。

步骤 04 为视频添加合适的背景音乐，如图1-12所示。

图 1-11　拖曳滑块至 3.0×

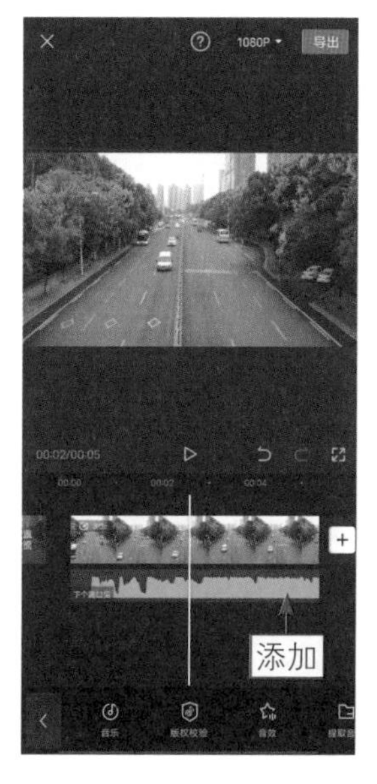

图 1-12　添加合适的背景音乐

003　编辑画面，镜像翻转

扫码看教程

扫码看成品效果

【效果展示】：在剪映App中可以制作出电影画面“天空之城”的效果，这个效果就运用到了剪映App中的“编辑”功能，镜像翻转之后的效果如图1-13所示。

图 1-13　镜像翻转之后的效果展示

下面介绍在剪映App中编辑画面的具体操作方法。

步骤 01 在剪映App中导入两段一样的视频素材，❶选择第一段视频素材；❷点击“切画中画”按钮，如图1-14所示。

步骤 02 把第一段素材切入到画中画轨道中，❶ 调整两段素材的画面位置，微微向下或者向上；❷ 选择画中画轨道中的素材；❸ 点击"编辑"按钮，如图1-15所示。

图1-14　点击"切画中画"按钮

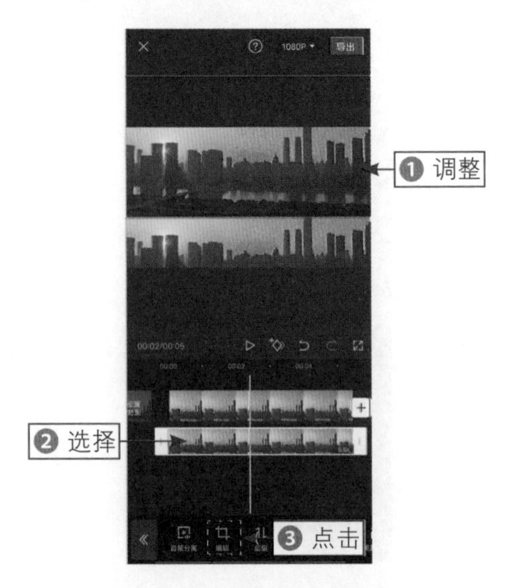

图1-15　点击"编辑"按钮

步骤 03 在弹出的面板中连续点击"旋转"按钮两次，如图1-16所示，旋转画面。

步骤 04 点击"镜像"按钮，如图1-17所示，把画中画轨道中的素材翻转过来。

图1-16　点击"旋转"按钮

图1-17　点击"镜像"按钮

步骤 05 ❶点击《按钮回到上一级面板；❷点击“蒙版”按钮，如图1-18所示。

步骤 06 ❶选择“镜面”蒙版；❷调整蒙版的位置，使画中画轨道中的建筑露出来；❸长按⇳按钮并向上拖曳，微微调整羽化边缘，如图1-19所示。

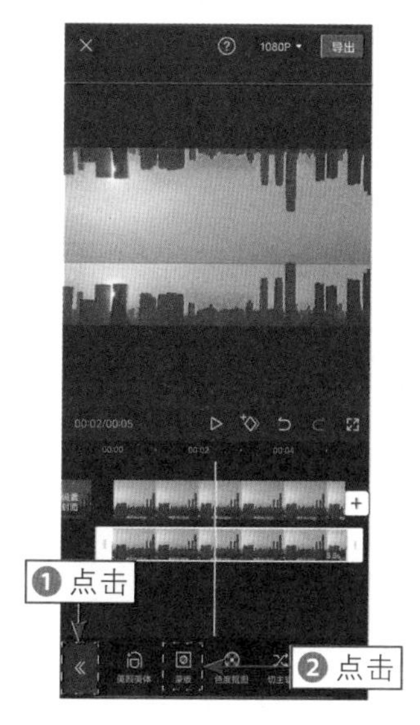

图 1-18　**点击“蒙版”按钮**

图 1-19　**拖曳相应的按钮**

步骤 07 调整两条轨道中素材的画面位置，使其呈现对称的效果，如图1-20所示。

步骤 08 为视频添加合适的背景音乐，如图1-21所示。

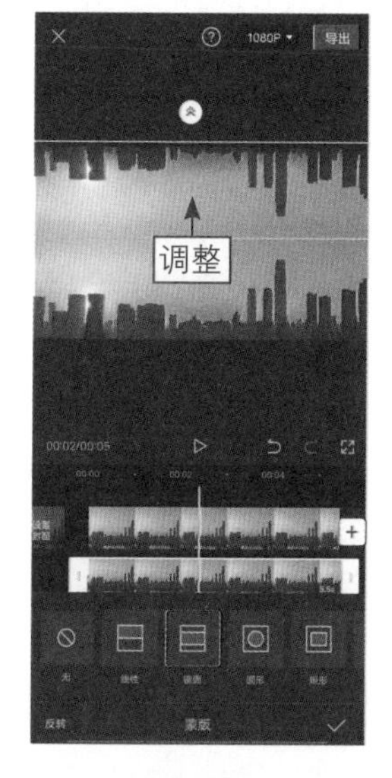

图 1-20　**调整素材的画面位置**

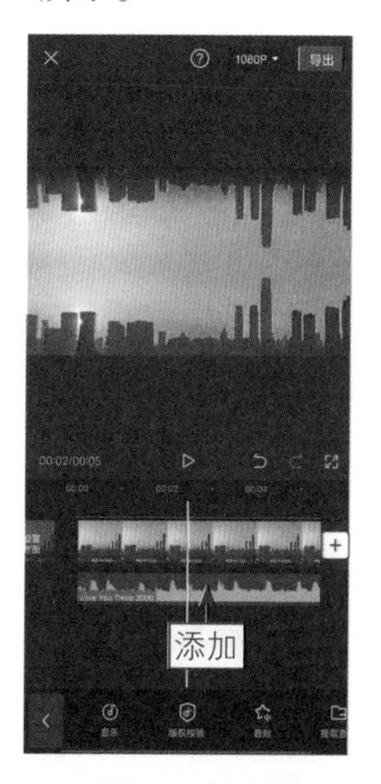

图 1-21　**添加背景音乐**

004 复制电影，替换内容

扫码看教程

扫码看成品效果

【效果展示】：剪映App的“素材库”选项卡中有很多视频素材，用户可以根据场景需要替换一些素材，让电影视频内容更加丰富有趣，复制和替换之后的效果如图1-22所示。

图 1-22 复制和替换之后的效果展示

下面介绍在剪映App中复制和替换素材的具体操作方法。

步骤 01 在剪映App中导入素材，❶选择视频素材；❷拖曳时间轴至视频1s的位置；❸点击“分割”按钮，如图1-23所示，分割素材。

步骤 02 ❶拖曳时间轴至视频2s的位置；❷点击“分割”按钮，如图1-24所示，继续分割素材，把素材分为3段。

图 1-23 点击“分割”按钮

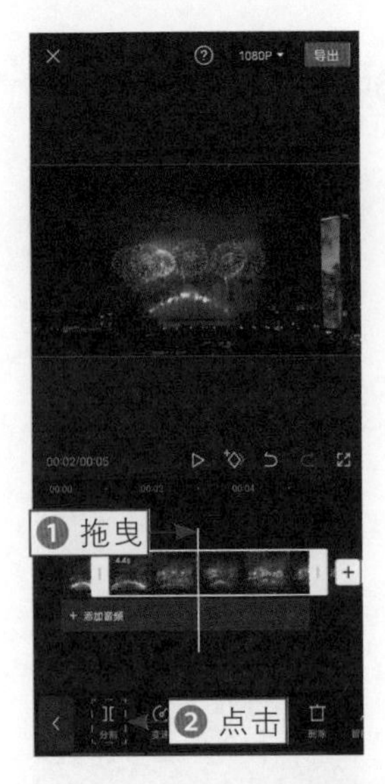

图 1-24 点击“分割”按钮

步骤 03 ❶选择第二段素材；❷点击“复制”按钮，如图1-25所示。

步骤 04 ❶选择第二段素材；❷点击“替换”按钮，如图1-26所示。

图 1-25　点击“复制”按钮

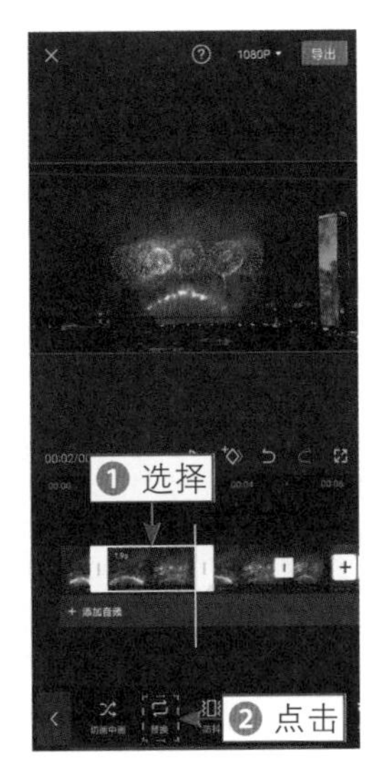

图 1-26　点击“替换”按钮

步骤 05 ❶切换至“素材库”选项卡；❷展开“节日氛围”选项区；❸选择一款倒计时素材，如图1-27所示。

步骤 06 ❶选择想要的片段；❷点击“确认”按钮，如图1-28所示，替换片段。

步骤 07 为视频添加合适的背景音乐，如图1-29所示。

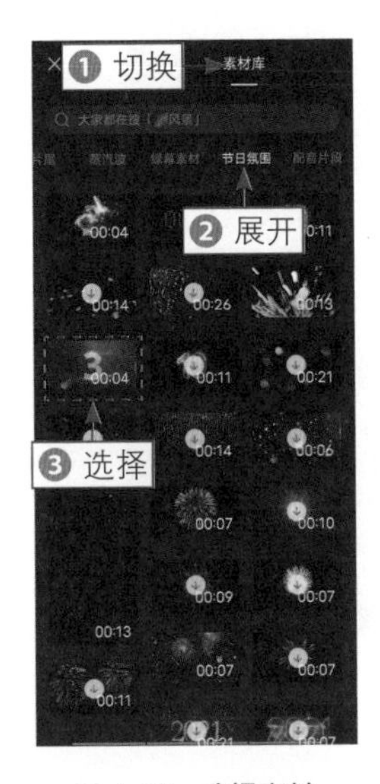

图 1-27　选择素材

图 1-28　点击“确认”按钮

图 1-29　添加背景音乐

005 电影倒放，时光倒流

扫码看教程

扫码看成品效果

【效果展示】：运用剪映App中的“倒放”功能可以实现时光倒流的效果，让车流倒行，仿佛时间在倒退一般，电影倒放的效果如图1-30所示。

图1-30 电影倒放的效果展示

下面介绍在剪映App中进行电影倒放的具体操作方法。

步骤 01 在剪映App中导入素材，❶选择视频素材；❷点击“倒放”按钮，如图1-31所示。

步骤 02 弹出倒放进度提示对话框，如图1-32所示。

图1-31 点击“倒放”按钮

图1-32 弹出提示对话框

步骤 03 倒放完成之后，点击“变速”按钮，如图1-33所示。

步骤 04 在弹出的面板中点击“常规变速”按钮，如图1-34所示。

图 1-33　点击“变速”按钮

图 1-34　点击“常规变速”按钮

步骤 05 在“变速”面板中拖曳滑块至1.5×，如图1-35所示，让倒放画面的播放速度变快一些。

步骤 06 为视频添加合适的背景音乐，如图1-36所示。

图 1-35　拖曳滑块至 1.5×

图 1-36　添加背景音乐

006　视频防抖，稳定画面

扫码看教程

扫码看成品效果

【效果展示】：一般手持设备拍摄的视频画面都会有轻微抖动，剪映App中的“防抖”功能可以起到稳定画面的作用，视频防抖的效果如图1-37所示。

图 1-37　视频防抖的效果展示

下面介绍在剪映App中进行视频防抖的具体操作方法。

步骤 01 在剪映App中导入素材，❶选择视频素材；❷点击“防抖”按钮，如图1-38所示。

步骤 02 在“防抖”面板中拖曳滑块至“推荐”，如图1-39所示，即可稳定视频画面。

图 1-38　点击“防抖”按钮

图 1-39　拖曳滑块至“推荐”

007 美颜塑型，完美人像

扫码看教程

扫码看成品效果

【效果展示】：在剪映App中也能给人像进行美颜和塑型处理，让人像的脸部和身材更加完美，美颜塑型的前后对比效果如图1-40所示。

图1-40 美颜塑型的前后对比效果

下面介绍在剪映App中进行美颜塑型的具体操作方法。

步骤 01 在剪映 App 中导入两段同样的素材，❶拖曳素材左右两侧的白色滑块，设置第一段素材的时长为 1.5s、第二段素材的时长为 4.0s；❷选择第二段素材；❸点击“美颜美体”按钮，如图 1-41 所示。

步骤 02 在弹出的面板中点击“智能美颜”按钮，如图 1-42 所示。

步骤 03 进入“智能美颜”面板，❶选择“瘦脸”选项；❷拖曳滑块，设置参数为49，如图1-43所示，对人像进行瘦脸处理。

步骤 04 ❶选择“美白”选项；

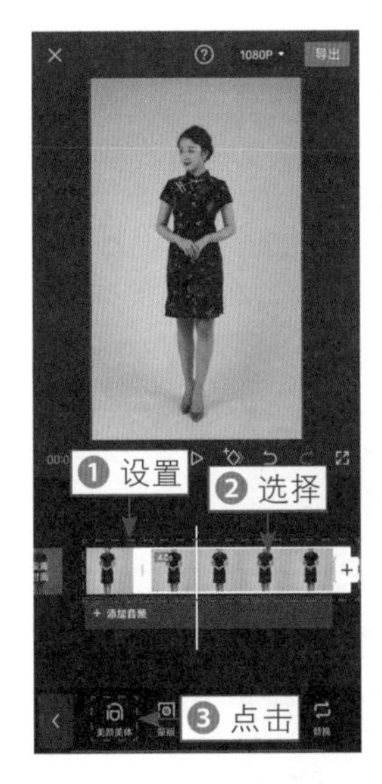

图1-41 点击“美颜美体”按钮

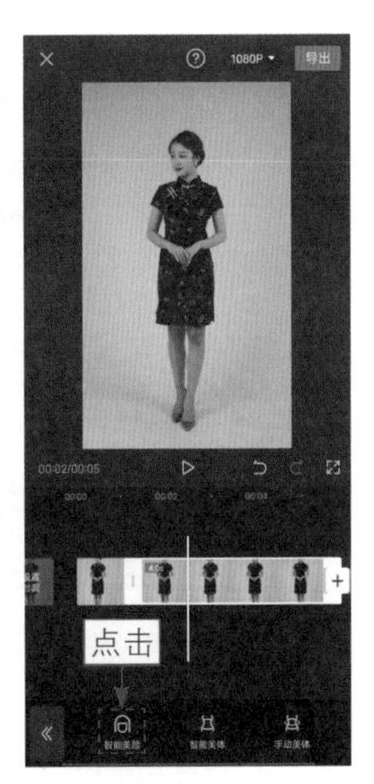

图1-42 点击“智能美颜”按钮

❷ 拖曳滑块，设置参数为 100，如图 1-44 所示，对人像进行美白处理。

图 1-43　设置参数为 49

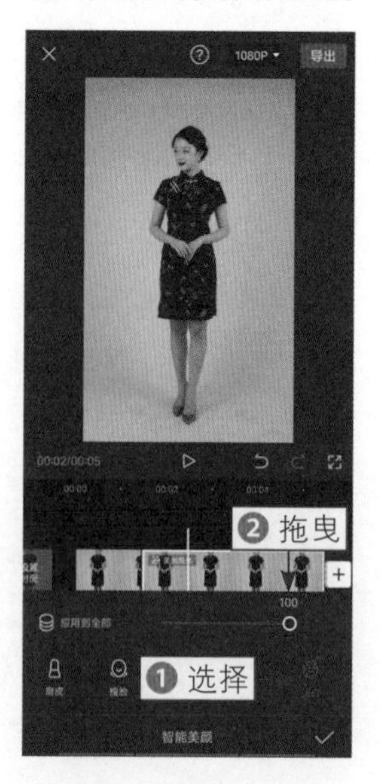

图 1-44　设置参数为 100

步骤 05　点击✓按钮回到上一级面板，点击“智能美体”按钮，如图1-45所示。

步骤 06　在“智能美体”面板中拖曳滑块，设置“瘦身”参数为100，如图1-46所示，对人像进行瘦身处理。

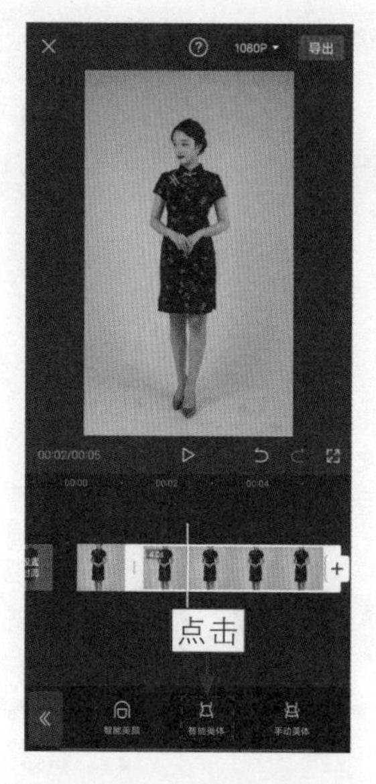

图 1-45　点击“智能美体”按钮

图 1-46　设置“瘦身”参数为 100

步骤 07 ❶ 选择“长腿”选项；❷ 拖曳滑块，设置参数为 15，如图 1-47 所示，微微拉长人像的腿部。

步骤 08 ❶ 选择“瘦腰”选项；❷ 拖曳滑块，设置参数为 35，如图 1-48 所示，让人像的腰变细一些。

步骤 09 ❶ 选择“小头”选项；❷ 拖曳滑块，设置参数为 41，如图 1-49 所示，优化人像的头身比。

步骤 10 依次点击“特效”按钮和“画面特效”按钮，在“基础”选项卡中选择“变清晰”特效；在“氛围”选项卡中选择“仙女变身”特效和“星火炸开”特效，为视频添加3段合适的特效，如图1-50所示，让画面更加精美。

步骤 11 为视频添加合适的背景音乐，如图1-51所示。

图 1-47　设置参数为 15

图 1-48　设置参数为 35

图 1-49　设置参数为 41

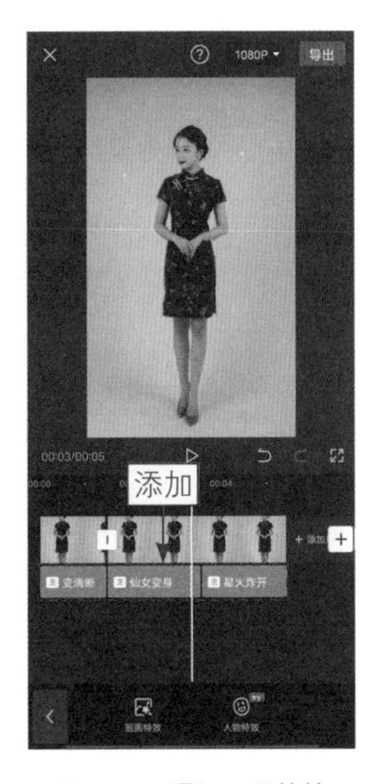

图 1-50　添加三段特效

图 1-51　添加背景音乐

008 高清设置，导出大片

扫码看教程

扫码看成品效果

【效果展示】：为了得到高清的视频画面，可以在导出时设置相关参数，让视频的“分辨率”和“帧率”变高，设置之后的效果如图1-52所示。

图1-52 高清设置之后的效果展示

下面介绍在剪映App中进行高清设置的具体操作方法。

步骤 01 在剪映App中导入视频素材，点击页面右上角的1080P按钮，如图1-53所示。

步骤 02 ❶在弹出的面板中拖曳滑块，设置“分辨率”为2K/4K、“帧率”为60；❷点击“导出”按钮，如图1-54所示，导出高清大片。

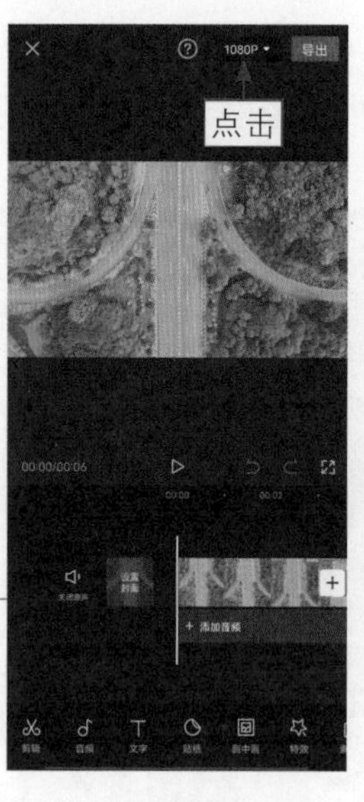

图1-53 点击相应按钮

图1-54 点击“导出”按钮

★ 专家提醒 ★

在剪映App中添加背景音乐的具体步骤在本书的第3章有详细说明，读者可以前往第3章学习。

添加特效的具体步骤，本章没有详细说明，在后面的章节会介绍详细步骤，读者也可以扫码观看教学视频，跟着视频学习如何添加特效。

第2章

11个技巧：制作影视字幕

本章要点

本章介绍学习如何制作影视字幕。影视字幕主要包含出现在影视视频中的字幕形式，本章主要介绍如何制作电影开幕标题文字、人物出场介绍文字、中英文电影字幕、电影海报文字、复古胶片文字等内容，帮助大家制作出精美的影视字幕。

009 制作电影开幕标题文字

扫码看教程

扫码看成品效果

【效果展示】：在剪映App的文字素材库中有很多"标题"文字模板，通过更改模板中的文字内容就能轻松制作电影开幕标题文字，效果如图2-1所示。

图 2-1　电影开幕标题文字的效果展示

下面介绍在剪映App中制作电影开幕标题文字的具体操作方法。

步骤 01 在剪映App中导入一段背景画面视频素材，点击"文字"按钮，如图2-2所示。

步骤 02 在弹出的面板中点击"文字模板"按钮，如图2-3所示。

步骤 03 ❶在弹出的面板中切换至"标题"选项卡；❷选择"小城故事"文字模板；❸更换文字内容，如图2-4所示，制作标题文字。

步骤 04 添加第一段文字之后，拖曳时间轴至视频中间位置，❶在"标题"选项卡中继续添加一款合适的文字模板；❷调整文字的位置，使其微微向下移动一点，如图2-5所示。

步骤 05 添加第二段文字之后，拖曳时间轴至第二段文字后面一点的位置，❶在"标题"选项卡中再添加一款文字模板；❷更换文字内容并调整文字的大小和位置，如图2-6所示，电影开幕标题文字就制作成功了。

图 2-2　点击“文字”按钮

图 2-3　点击“文字模板”按钮

图 2-4　更换文字内容

图 2-5　调整文字的位置

图 2-6　调整位置和大小

★ 专家提醒 ★

由于剪映 App 会自动更新软件版本，所以，在本书的教学视频中，部分操作分区命名会有细微变动，不过不影响操作步骤，读者不用担心。

010 制作人物出场介绍文字

扫码看教程

扫码看成品效果

【效果展示】：在剪映App中有很多花字和气泡样式，选择适合的样式，能让出场介绍文字效果更加丰富。人物出场介绍文字的效果如图2-7所示。

图 2-7 人物出场介绍文字的效果展示

下面介绍在剪映App中制作人物出场介绍文字的具体操作方法。

步骤 01 在剪映App中导入素材，❶选择视频素材；❷点击“音频分离”按钮，如图2-8所示，把音频提取出来。

步骤 02 ❶拖曳时间轴至视频3s左右的位置；❷点击“定格”按钮，如图2-9所示，定格人像。

图 2-8 点击“音频分离”按钮

图 2-9 点击“定格”按钮

步骤 03 ❶选择定格素材之后的第三段视频素材；❷点击“删除”按钮，如图2-10所示，删除多余的素材。

步骤 04 ❶选择定格素材；❷点击"切画中画"按钮，如图2-11所示。

步骤 05 把素材切换至画中画轨道中，❶调整定格素材的时长；❷点击"智能抠像"按钮，抠出人像；❸点击[+]按钮添加素材，如图2-12所示。

图 2-10　点击"删除"按钮

图 2-11　点击"切画中画"按钮

图 2-12　点击[+]按钮

步骤 06 ❶切换至"素材库"选项卡；❷在"黑白场"选项区中选择透明素材；❸点击"添加"按钮，如图2-13所示。

步骤 07 调整透明素材的时长，点击"背景"按钮，如图2-14所示。

步骤 08 在弹出的面板中点击"画布颜色"按钮，如图2-15所示。

图 2-13　点击"添加"按钮

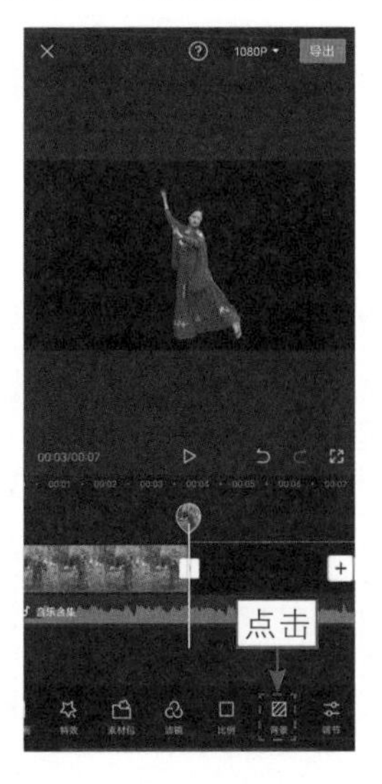

图 2-14　点击"背景"按钮

图 2-15　点击"画布颜色"按钮

步骤 09 ❶选择粉色色块；❷点击✓确认操作，如图2-16所示。

步骤 10 在定格素材起始位置点击◇按钮，添加关键帧，如图2-17所示。

图 2-16 点击✓按钮

图 2-17 点击◇按钮

步骤 11 ❶拖曳时间轴至4s的位置；❷调整素材的大小和位置，如图2-18所示。

步骤 12 回到主面板，点击“文字”按钮，如图2-19所示。

图 2-18 调整大小和位置

图 2-19 点击“文字”按钮

步骤 13 在弹出的面板中点击“新建文本”按钮，如图2-20所示。

步骤 14 ❶输入文字内容；❷选择合适的字体，如图2-21所示。

图 2-20　**点击“新建文本”按钮**

图 2-21　**选择字体**

步骤 15 ❶切换至“样式”选项卡；❷设置文字颜色，如图2-22所示。

步骤 16 ❶切换至“排列”选项区；❷选择第四个样式；❸设置“字间距”为3；❹调整文字的大小和位置，如图2-23所示。

图 2-22　**设置文字颜色**

图 2-23　**调整文字**

步骤 17 ❶切换至“动画”选项卡；❷选择“渐显”动画；❸设置动画时长为1.0s，如图2-24所示。

步骤 18 在第一段文字动画的结束位置点击“新建文本”按钮，如图2-25所示。

图 2-24　设置动画时长

图 2-25　点击“新建文本”按钮

步骤 19 ❶输入名字；❷在“花字”选项卡中选择花字，如图2-26所示。

步骤 20 ❶切换至“字体”选项卡；❷选择字体，如图2-27所示。

图 2-26　选择花字

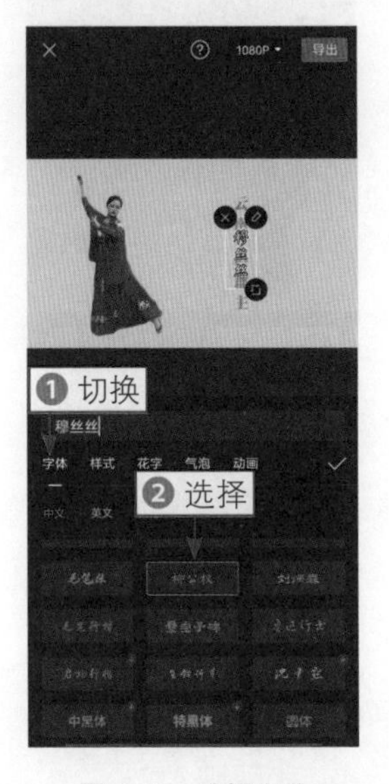

图 2-27　选择字体

步骤 21 ❶切换至“气泡”选项卡；❷选择气泡样式，如图2-28所示。

步骤 22 ❶切换至“动画”选项卡；❷选择“飞入”动画；❸调整文字的大小、位置和时长，如图2-29所示。

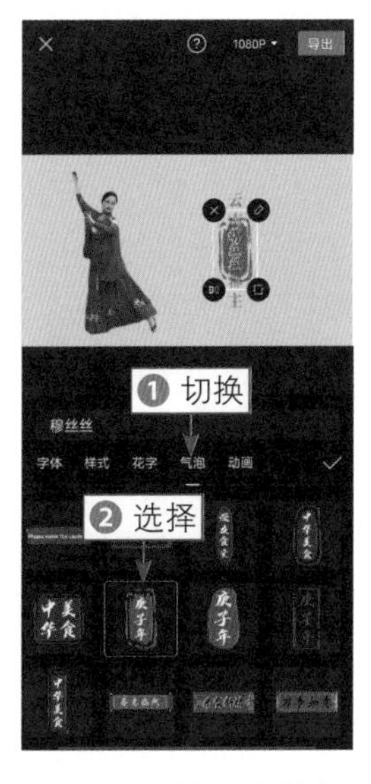

图 2-28　选择气泡样式

图 2-29　调整文字的大小和位置

011　制作“卡拉OK”歌词字幕

【效果展示】：在剪映App中运用“识别歌词”功能可以识别出背景音乐中的歌词文字，再添加“卡拉OK”文字动画，就能制作出KTV中的歌词字幕效果，如图2-30所示。

图 2-30　卡拉 OK 歌词字幕的效果展示

下面介绍在剪映App中制作卡拉OK歌词字幕的具体操作方法。

步骤 01 在剪映App中导入素材，点击“文字”按钮，如图2-31所示。

步骤 02 点击“识别歌词”按钮，如图2-32所示。

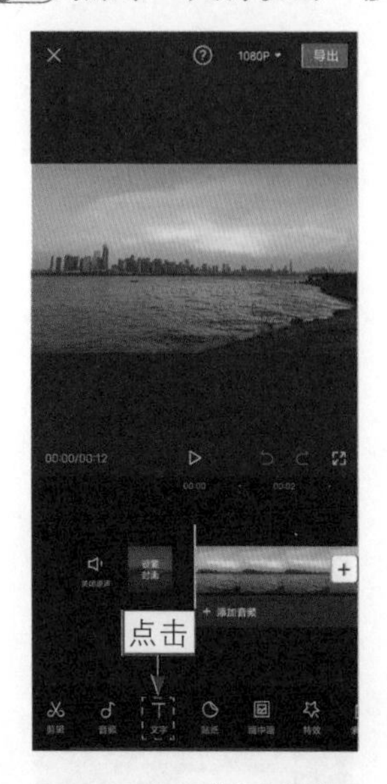

图 2-31 点击“文字”按钮

图 2-32 点击“识别歌词”按钮

步骤 03 在弹出的对话框中点击“开始识别”按钮，如图2-33所示。

步骤 04 识别完成之后，❶选择歌词；❷点击“批量编辑”按钮，如图2-34所示。

图 2-33 点击“开始识别”按钮

图 2-34 点击“批量编辑”按钮

步骤 05 在弹出的面板中选择第一条歌词，如图2-35所示。

步骤 06 ❶调整文字；❷选择字体；❸调整文字的大小和位置，如图2-36所示。

图 2-35　选择第一条歌词

图 2-36　调整位置和大小

步骤 07 ❶在“动画”选项卡中选择“卡拉OK”动画；❷选择绿色色块；❸设置动画时长为最大值，如图2-37所示。

步骤 08 调整第二段歌词文字的内容，如图2-38所示。

图 2-37　设置动画时长为最大

图 2-38　调整歌词内容

步骤 09 设置与第一段歌词文字一样的动画效果，如图2-39所示。

步骤 10 在“样式”选项卡中取消选中“样式、花字、气泡、位置应用到识别歌词”单选按钮，如图2-40所示。

步骤 11 ❶调整两段文字的时长；❷调整文字的位置和大小，如图2-41所示。

图2-39 设置动画效果

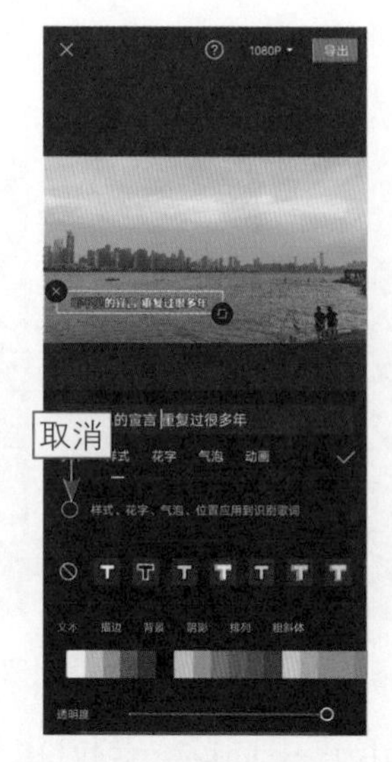

图2-40 取消选中相应按钮

图2-41 调整文字的位置和大小

012 制作中英文电影字幕

扫码看教程

扫码看成品效果

【效果展示】：在剪映App中通过“识别字幕”功能就能把视频中的语音文字识别成字幕，后期再添加英文字幕，就能制作出中英文电影字幕，效果如图2-42所示。

图2-42 中英文电影字幕的效果展示

下面介绍具体操作方法。

步骤 01 在剪映App中导入素材，点击“文字”按钮，如图2-43所示。

步骤 02 在弹出的面板中点击“识别字幕”按钮，如图2-44所示。

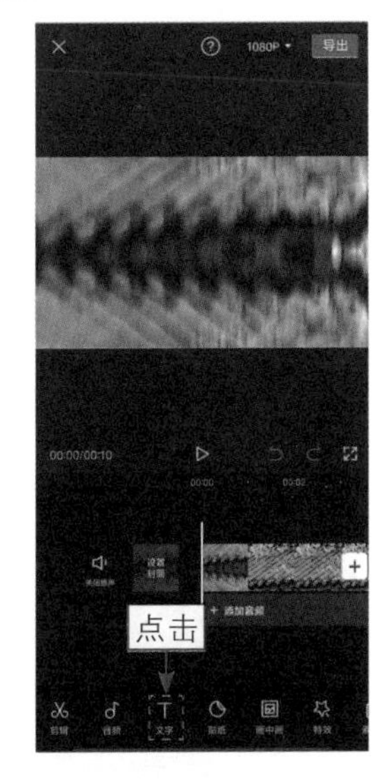

图 2-43　点击“文字”按钮

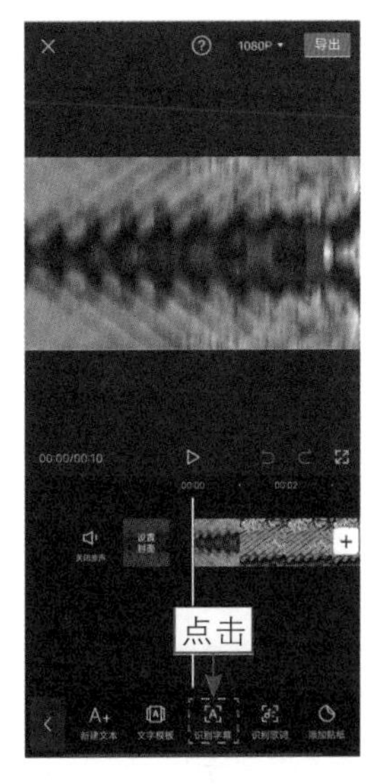

图 2-44　点击“识别字幕”按钮

步骤 03 在弹出的对话框中点击“开始识别”按钮，如图2-45所示。

步骤 04 识别完成之后，❶选择文字；❷点击“批量编辑”按钮，如图2-46所示。

步骤 05 选择第一段文字内容，如图2-47所示。

图 2-45　点击“开始识别”按钮

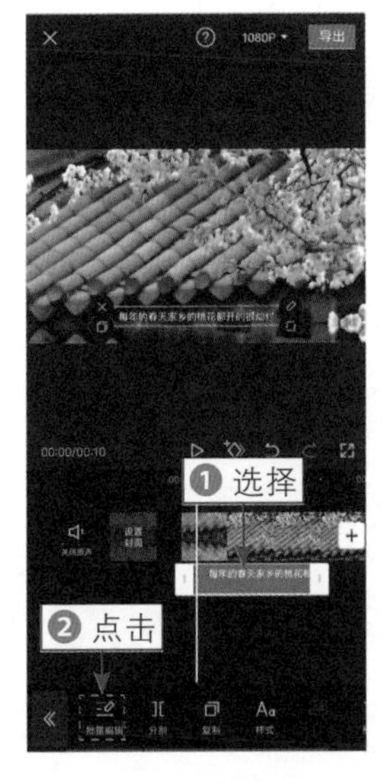

图 2-46　点击“批量编辑”按钮

图 2-47　选择文字

步骤 06 为文字选择合适的字体，如图2-48所示。

步骤 07 ❶切换至“样式”选项卡；❷在“排列”选项区中设置“字间距”为2，如图2-49所示。

图 2-48 选择字体

图 2-49 设置“字间距”为 2

步骤 08 ❶切换至“动画”选项卡；❷在“入场动画”选项区中选择“向下溶解”动画，如图2-50所示。

步骤 09 ❶切换至“出场动画”选项区；❷选择“溶解”动画，如图2-51所示。对第二段中文字幕也进行同样的动画设置。

图 2-50 选择“向下溶解”动画

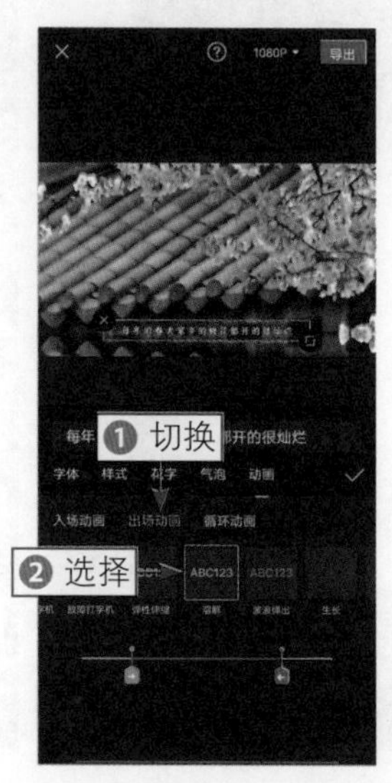

图 2-51 选择“溶解”动画（1）

步骤 10 在第一段文字的起始位置点击“新建文本”按钮，如图2-52所示。

步骤 11 ❶ 输入英文；❷ 选择英文字体；❸ 调整大小和位置，如图 2-53 所示。

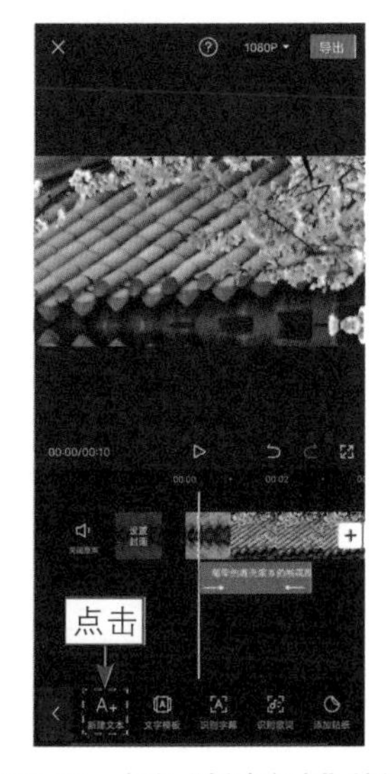

图 2-52　点击“新建文本”按钮

图 2-53　调整大小和位置

步骤 12 ❶切换至“动画”选项卡；❷在“入场动画”选项区中选择“溶解”动画，如图2-54所示。

步骤 13 ❶切换至“出场动画”选项区；❷选择“溶解”动画，如图2-55所示。添加第二段英文字幕，也进行同样的动画设置。

步骤 14 更改中文字幕中的错字并调整这几段字幕的时长，如图2-56所示。

图 2-54　选择“溶解”动画（2）

图 2-55　选择“溶解”动画（3）

图 2-56　调整字幕的时长

013　制作复古胶片文字

扫码看教程

扫码看成品效果

【效果展示】：复古胶片文字的特点是具有历史感和怀旧感，因此画面一定要做出老旧的样式，还要选择有记忆点的文字内容，最后添加合适的音乐和音效。复古胶片文字的效果如图2-57所示。

图2-57　复古胶片文字的效果展示

下面介绍在剪映App中制作复古胶片文字的具体操作方法。

步骤 01 打开剪映App，❶切换至“素材库”选项卡，❷在“黑白场”选项区中选择白场素材；❸点击“添加”按钮，如图2-58所示。

步骤 02 导入白场素材，❶设置素材的时长为6.1s，❷点击“特效”按钮，如图2-59所示。

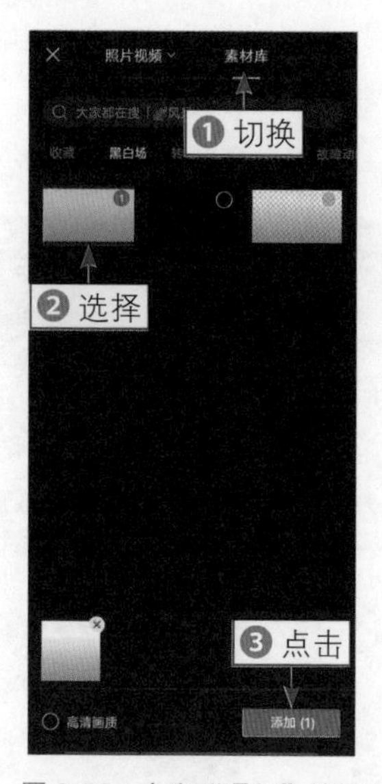

图2-58　点击“添加”按钮

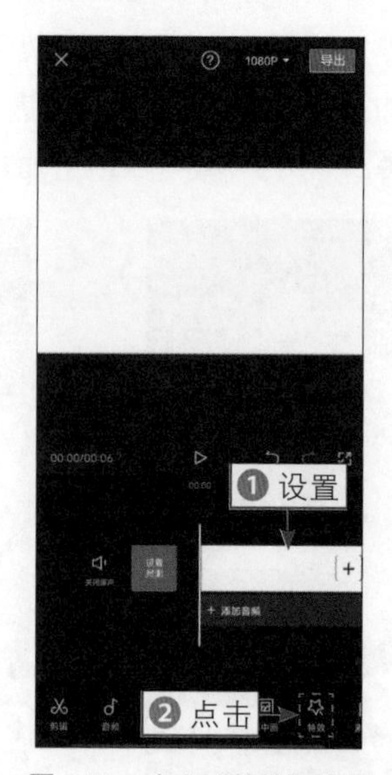

图2-59　点击“特效”按钮

步骤 03 在弹出的面板中点击“画面特效”按钮，如图2-60所示。

步骤 04 ❶ 切换至“复古”选项卡；❷ 选择“胶片Ⅲ”特效，如图2-61所示。

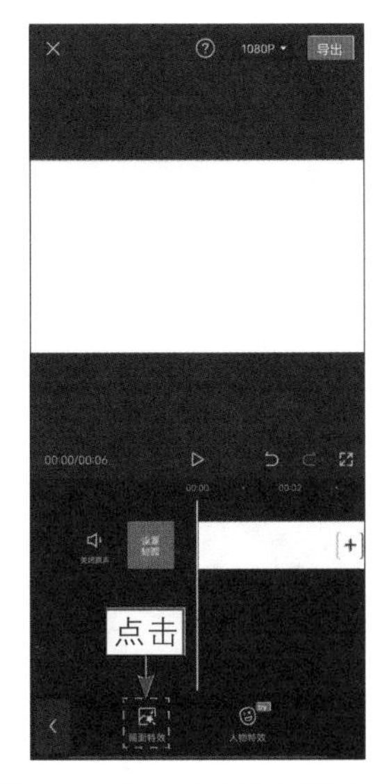

图 2-60　点击“画面特效”按钮

图 2-61　选择“胶片Ⅲ”特效

步骤 05 拖曳“胶片Ⅲ”特效右侧的白色滑块，对齐视频的时长，如图2-62所示。

步骤 06 用与上述同样的方法，再添加“光影”选项卡中的“窗格光”特效、“纹理”选项卡中的“老照片”特效，如图2-63所示，制作出复古胶片感。

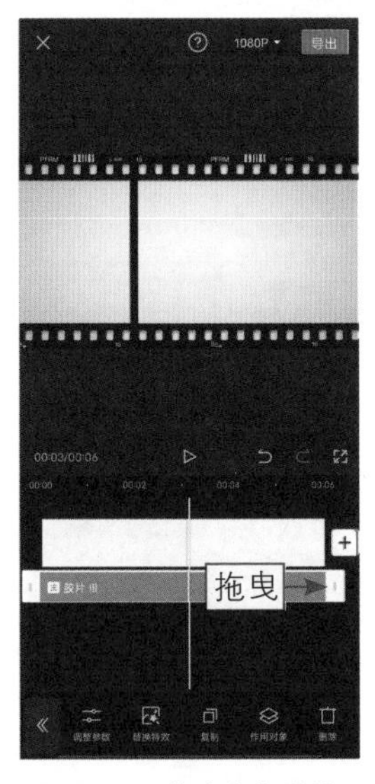

图 2-62　拖曳白色滑块

图 2-63　添加特效

步骤 07 回到主面板，点击“文字”按钮，如图2-64所示。

步骤 08 在弹出的面板中点击“新建文本”按钮，如图2-65所示。

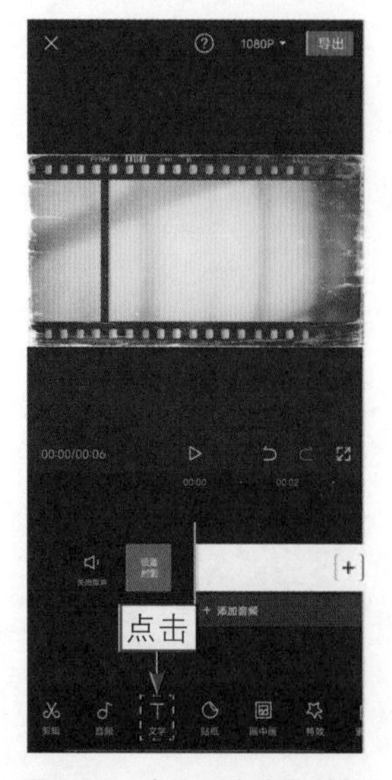

图 2-64 点击“文字”按钮

图 2-65 点击“新建文本”按钮

步骤 09 ❶输入文字内容；❷选择合适的字体，如图2-66所示。

步骤 10 ❶切换至“样式”选项卡；❷选择红底白字样式，如图2-67所示。

图 2-66 选择合适的字体

图 2-67 选择红底白字样式

步骤 11 ❶切换至“动画”选项卡；❷在“入场动画”选项区中选择“打字机Ⅱ”动画；❸设置动画时长为2.0s，如图2-68所示。

步骤 12 用同样的方法，❶添加黑色英文文字；❷选择英文字体；❸调整其位置和大小，处于中文文字的下面，如图2-69所示。

图 2-68　**设置动画时长为 2.0s**

图 2-69　**调整大小和位置**

步骤 13 ❶切换至“样式”选项卡；❷在“排列”选项区中设置“字间距”为5，如图2-70所示。

步骤 14 ❶切换至“动画”选项卡；❷在“入场动画”选项区中选择“故障打字机”动画；❸设置动画时长为2.0s，如图2-71所示。

图 2-70　**设置“字间距”为 5**

图 2-71　**设置动画时长**

步骤 15 为视频添加合适的背景音乐，如图2-72所示。

步骤 16 ❶点击“音效”按钮；❷在“机械”选项卡中添加两段“胶卷过卷

声”音效，如图2-73所示，让视频更有复古感。

图 2-72　**添加音乐**

图 2-73　**添加音效**

014　制作电影海报文字

扫码看教程

扫码看成品效果

【效果展示】：在剪映App中通过添加花字和设置相应的文字动画就能做出炫酷的电影海报文字，步骤十分简单。电影海报文字的效果如图2-74所示。

图 2-74　**电影海报文字的效果展示**

下面介绍在剪映App中制作电影海报文字的具体操作方法。

步骤 01 在剪映 App 中导入海报视频素材，点击“文字”按钮，如图 2-75 所示。

步骤 02 在弹出的面板中点击“新建文本”按钮，如图2-76所示。

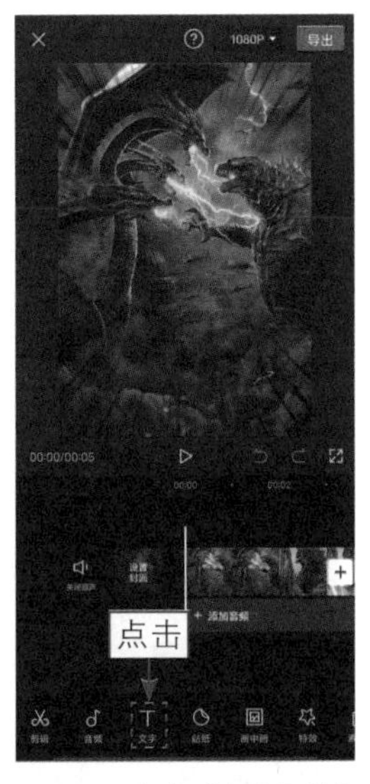

图 2-75　**点击“文字”按钮**

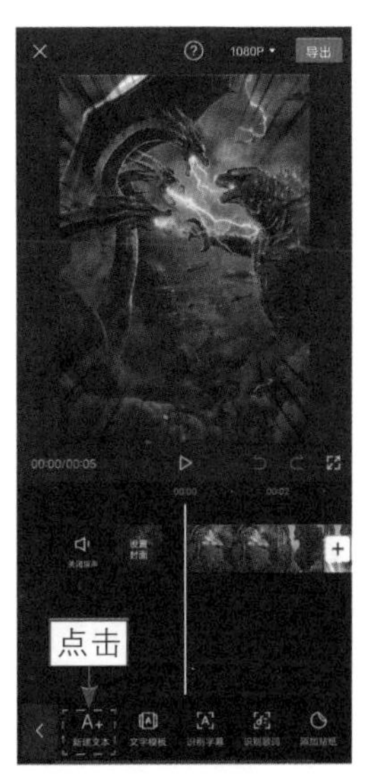

图 2-76　**点击“新建文本”按钮**

步骤 03 ❶在弹出的面板中切换至“花字”选项卡；❷选择一款花字样式；❸输入文字内容，如图2-77所示。

步骤 04 为文字选择合适的字体，❶调整文字的大小和位置，使其处于画面的下方；❷切换至“动画”选项卡；❸选择“飞入”动画；❹设置动画时长为最大，如图2-78所示。

图 2-77　**输入文字内容**

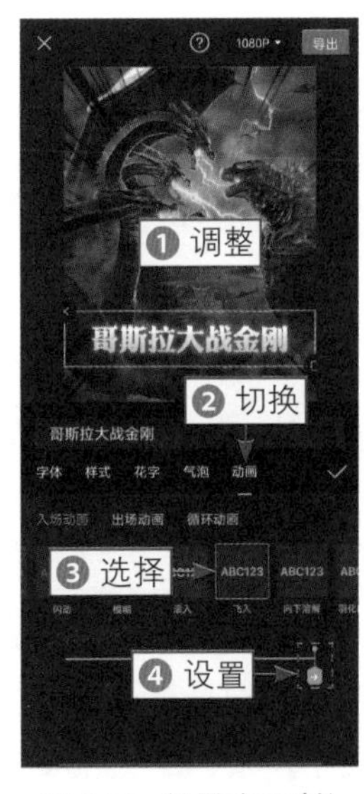

图 2-78　**设置动画时长**

步骤 05 调整文字的时长，对齐第一段海报画面的时长，如图2-79所示。

步骤 06 用与上述同样的操作方法，为第二段海报画面添加第二段文字，选择合适的花字，并调整其大小和位置，❶切换至“动画”选项卡；❷展开“循环动画”选项区；❸选择“色差故障”动画，如图2-80所示。

图2-79　调整文字的时长

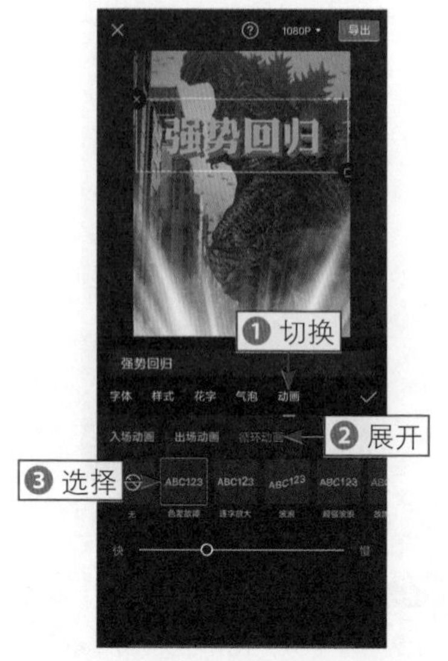

图2-80　选择“色差故障”动画

★ 专家提醒 ★

花字的颜色最好与背景画面的颜色处于同一个色系，如黄色的背景就适合选择黄色或者金色的花字，蓝色的背景就选择蓝色颜色的花字。

步骤 07 为第三段海报画面添加第三段文字，选择合适的花字，并调整其大小和位置，❶切换至“动画”选项卡；❷选择“故障打字机”动画，如图2-81所示。

步骤 08 在第三段文字的起始位置点击“文字模板”按钮，❶在面板中切换至“时尚”选项卡；❷选择一款文字模板；❸更换文字内容并调整其大小和位置，如图2-82所示。

图2-81　选择“故障打字机”动画

图2-82　调整大小和位置

015　制作发光文字效果

扫码看教程

扫码看成品效果

【效果展示】：发光文字非常适合用在暗色背景视频中，这样可以凸显文字的内容，文字的光芒让人印象深刻。发光文字效果如图2-83所示。

图 2-83　**发光文字的效果展示**

下面介绍在剪映App中制作发光文字效果的具体操作方法。

步骤 01　在剪映 App 的“素材库”选项卡中添加一段黑场素材，如图 2-84 所示。

步骤 02　依次点击“文字”按钮和“新建文本”按钮，如图2-85所示。

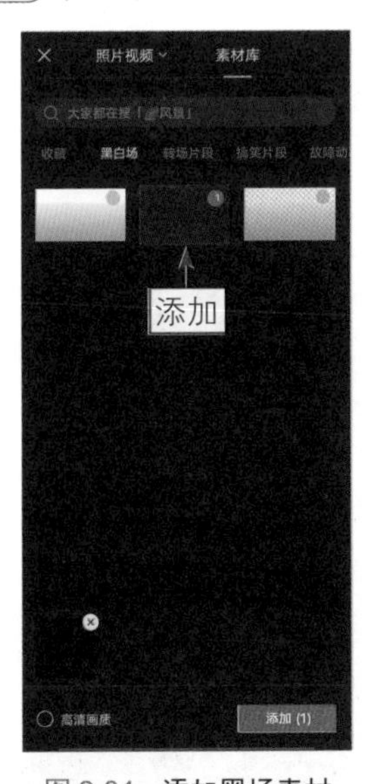

图 2-84　**添加黑场素材**

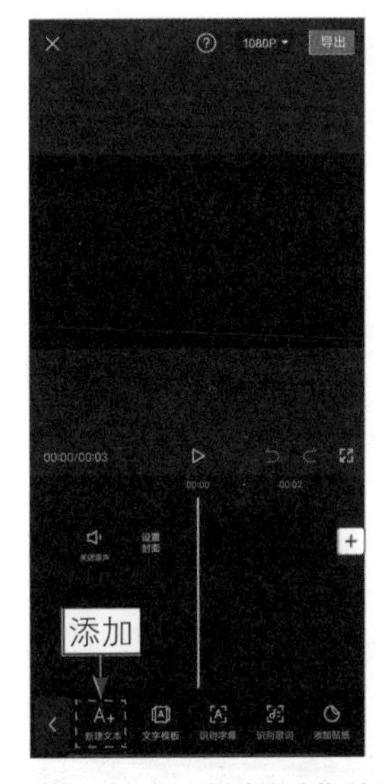

图 2-85　**点击“新建文本”按钮**

步骤 03　❶ 输入文字内容；❷ 选择字体；❸ 调整文字的大小，如图 2-86 所示。

步骤 04　❶ 调整素材和文字的时长为 5s；❷ 点击“样式”按钮，如图 2-87 所示。

步骤 05　❶为文字添加“溶解”入场动画和“溶解”出场动画；❷点击“导出”按钮，导出文字素材，如图2-88所示。

图 2-86　调整文字的大小

图 2-87　点击“样式”按钮

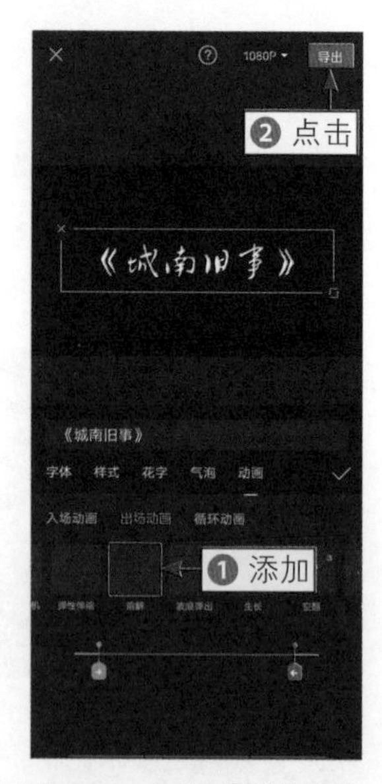

图 2-88　点击“导出”按钮

步骤 06 在剪映 App 中导入背景视频素材，点击“画中画”按钮，如图 2-89 所示。

步骤 07 在弹出的面板中点击“新增画中画”按钮，如图2-90所示。

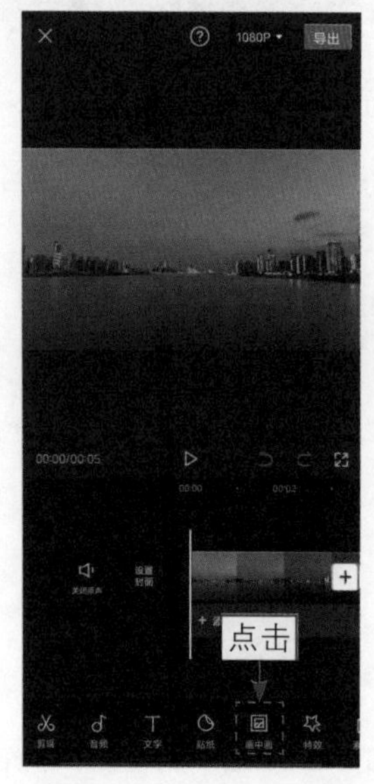

图 2-89　点击“画中画”按钮

图 2-90　点击“新增画中画”按钮

步骤 08 ❶在“照片视频”面板中选择文字素材；❷点击“添加”按钮，如图2-91所示。

步骤 09 ❶ 调整文字素材的画面；❷ 点击“混合模式”按钮，如图 2-92 所示。

步骤 10 ❶在弹出的面板中选择“滤色”选项；❷点击✓按钮，如图2-93所示。

图 2-91　**点击“添加”按钮**

图 2-92　**点击“混合模式”按钮**

图 2-93　**点击相应按钮**

步骤 11 回到主面板，点击“特效”按钮，如图2-94所示。

步骤 12 在弹出的面板中点击“画面特效”按钮，如图2-95所示。

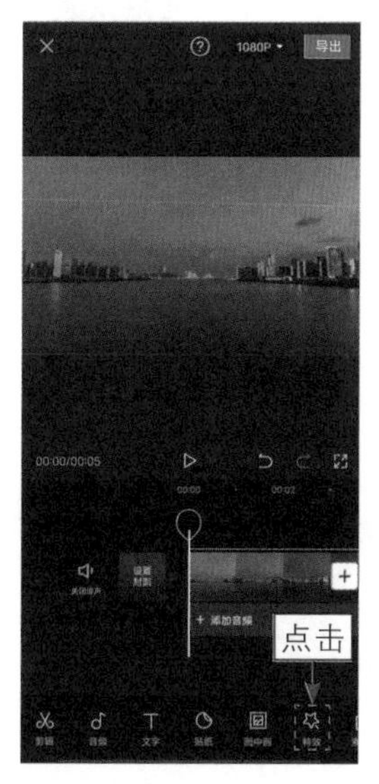

图 2-94　**点击“特效”按钮**

图 2-95　**点击“画面特效”按钮**

步骤 13 ❶ 切换至“光影”选项卡；❷ 选择“天使光”特效，如图 2-96 所示。

步骤 14 ❶调整“天使光”特效的时长，对齐视频的时长；❷点击“作用对象”按钮，如图2-97所示。

步骤 15 在“作用对象”面板中选择“画中画”选项，如图2-98所示。

图 2-96 选择“天使光”特效

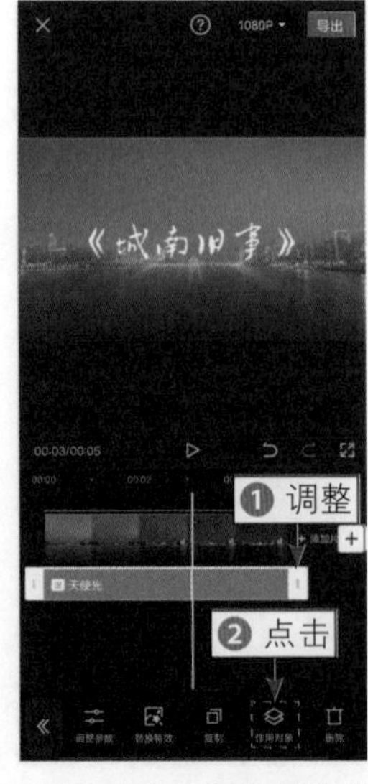

图 2-97 点击“作用对象”按钮

图 2-98 选择“画中画”选项

016 制作文字跟踪效果

扫码看教程

扫码看成品效果

【效果展示】：文字跟踪特效主要是让文字跟着人物的运动轨迹而渐渐出现，因此最好选择人物走路的视频素材。文字跟踪效果如图2-99所示。

图 2-99 文字跟踪的效果展示

下面介绍在剪映App中制作文字跟踪效果的具体操作方法。

步骤 01 在剪映 App 的“素材库”选项卡中添加一段黑场素材，如图 2-100 所示。

步骤 02 ❶ 添加一段红色的文字，并设置合适的字体、大小和位置；❷ 点击“导出”按钮，如图 2-101 所示，导出文字素材。

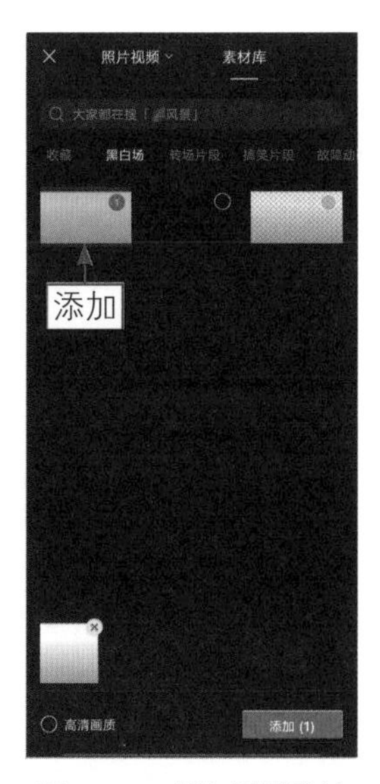

图 2-100　**添加黑场素材**

图 2-101　**点击“导出”按钮**

步骤 03 在剪映App中导入视频素材，依次点击“画中画”和“新增画中画”按钮，如图2-102所示。

步骤 04 添加刚才导出的文字素材，点击“混合模式”按钮，如图 2-103 所示。

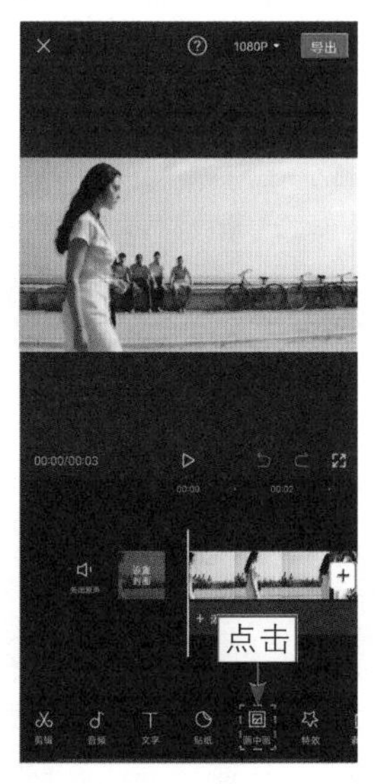

图 2-102　**点击“画中画”按钮**

图 2-103　**点击“混合模式”按钮**

步骤 05 ❶在弹出的面板中选择“正片叠底”选项；❷调整文字的位置，如图2-104所示。

步骤 06 ❶在文字素材起始位置点击◇按钮，添加关键帧；❷点击“蒙版”

按钮，如图2-105所示。

图 2-104　调整文字的位置

图 2-105　点击“蒙版”按钮

步骤 07 ❶选择“线性”蒙版；❷调整蒙版的角度和位置，如图2-106所示，使其处于头发上面的位置。

步骤 08 ❶ 往后拖曳时间轴；❷ 调整蒙版的位置，如图 2-107 所示，露出文字。

步骤 09 用与上述同样的方法，每拖曳一段时间轴的位置，就调整蒙版的位置，直到最后露出所有文字，如图2-108所示。

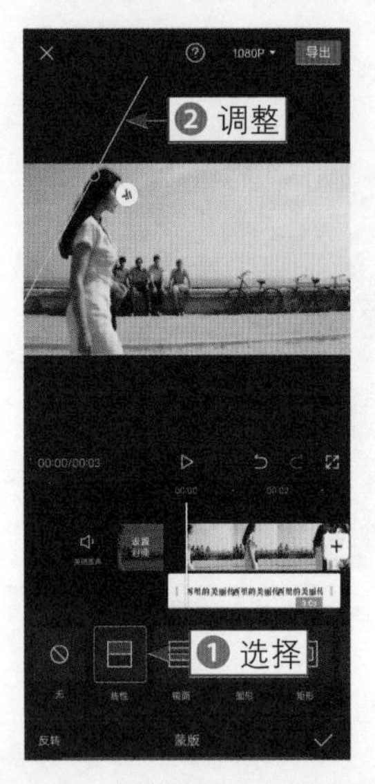

图 2-106　调整蒙版的角度和位置

图 2-107　调整蒙版的位置

图 2-108　调整蒙版位置

017　制作人物穿越文字

扫码看教程

扫码看成品效果

【效果展示】：人物穿越文字效果主要运用剪映App中的“智能抠像”功能制作而成，让人物从文字中间穿越出来，从文字的后面走到文字的前面。人物穿越文字的效果如图2-109所示。

图 2-109　**人物穿越文字的效果展示**

步骤 01 在剪映App中导入两段一样的素材，点击“画中画”按钮，如图2-110所示。

步骤 02 ❶导入黑色背景文字素材；❷点击“混合模式”按钮，如图2-111所示。

图 2-110　**点击“画中画”按钮**

图 2-111　**点击“混合模式”按钮**

步骤 03 在弹出的面板中选择“滤色”选项，如图2-112所示。

步骤 04 ❶选择第一段素材；❷点击“切画中画”按钮，如图2-113所示。

图 2-112　选择“滤色”选项

图 2-113　点击“切画中画”按钮

步骤 05 点击“智能抠像”按钮，如图2-114所示。

步骤 06 抠出人像之后，❶调整文字的位置；❷向右拖曳画中画轨道中素材左边的白色滑块，让人物出现在文字中间的位置为视频起始位置，如图2-115所示。

图 2-114　点击“智能抠像”按钮

图 2-115　拖曳白色滑块

018　制作节气水印文字

扫码看教程

扫码看成品效果

【效果展示】：节气水印文字适合用在风景类的视频当中，效果比较应时，只需要变换文字内容和背景视频，就能一年四季通用。节气水印文字的效果如图2-116所示。

图 2-116　节气水印文字的效果展示

下面介绍在剪映App中制作节气水印文字的具体操作方法。

步骤 01 ❶ 在剪映 App 中导入一张蓝色图片素材；❷ 添加黑色的“大”字；❸ 选择字体；❹ 调整文字的大小和位置，如图 2-117 所示。

步骤 02 用与上述同样的方法，添加“雪”字之后，❶ 添加第三段诗词文字，并选择“思源粗宋”字体；❷ 切换至“样式”选项卡；❸ 在“排列”选项区中选择第四个样式；❹ 设置“字间距”为 3、“行间距”为 10；❺ 调整诗词文字的大小和位置，如图 2-118 所示。

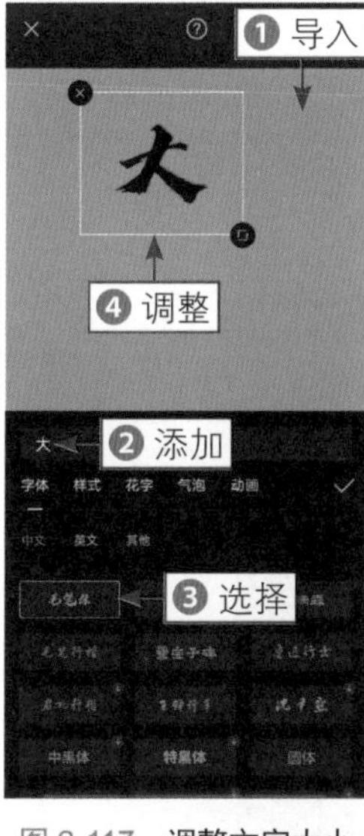

图 2-117　调整文字大小和位置

图 2-118　调整诗词

步骤 03 回到上一级菜单，点击“添加贴纸”按钮，如图2-119所示。

步骤 04 ❶搜索“红印”贴纸；❷选择一款贴纸；❸调整贴纸的大小和位置，如图2-120所示。

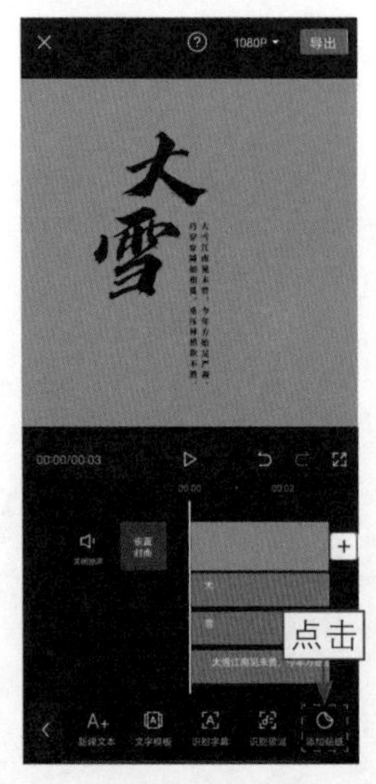

图 2-119　点击“添加贴纸”按钮

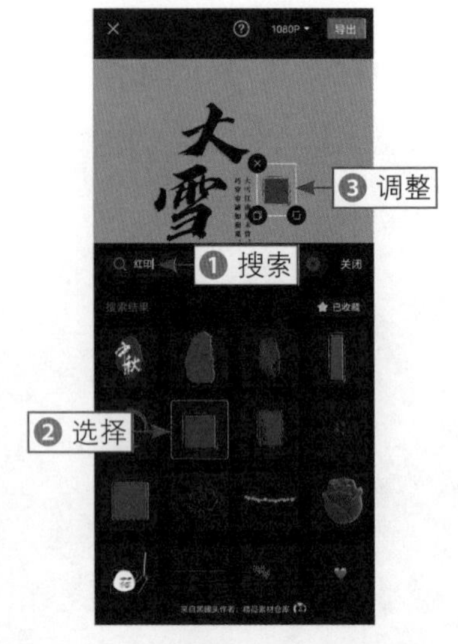

图 2-120　调整贴纸的大小和位置

步骤 05 ❶添加第四段文字；❷选择合适的字体；❸调整文字的大小和位置，如图2-121所示。

步骤 06 ❶把图片素材和所有文字、贴纸的时长都设置为7.2s；❷点击“导出”，按钮导出文字素材，如图2-122所示。

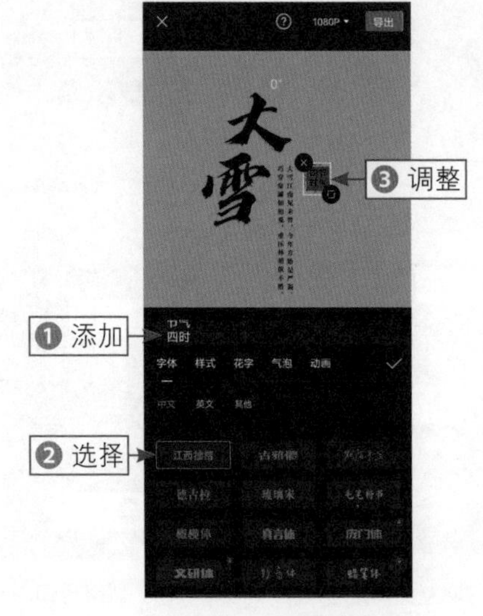

图 2-121　调整文字

图 2-122　点击“导出”按钮

步骤 07 在剪映 App 中导入视频素材，点击“画中画”按钮，如图 2-123 所示。

步骤 08 ❶导入文字素材；❷点击“色度抠图”按钮，如图2-124所示。

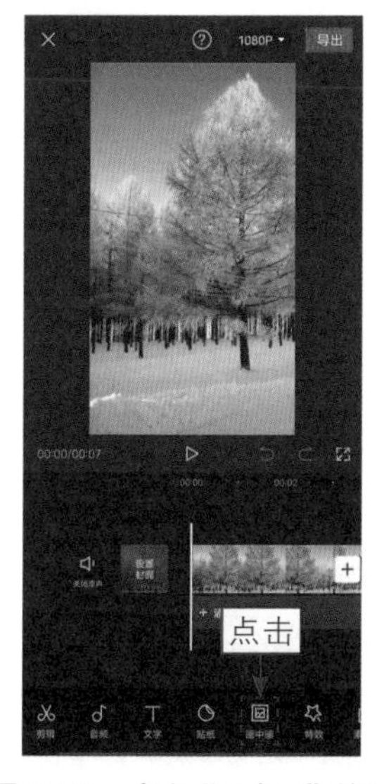

图 2-123　**点击“画中画”按钮**

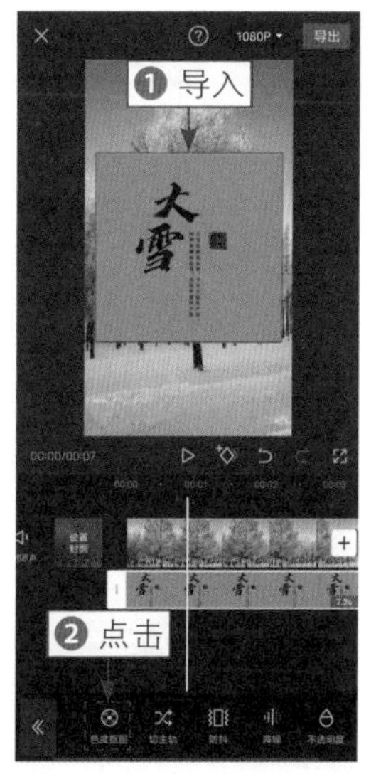

图 2-124　**点击“色度抠图”按钮**

步骤 09 拖曳“取色器”圆环，在画面中取样蓝色色彩，如图2-125所示。

步骤 10 设置“强度”为4、“阴影”为7，如图2-126所示。

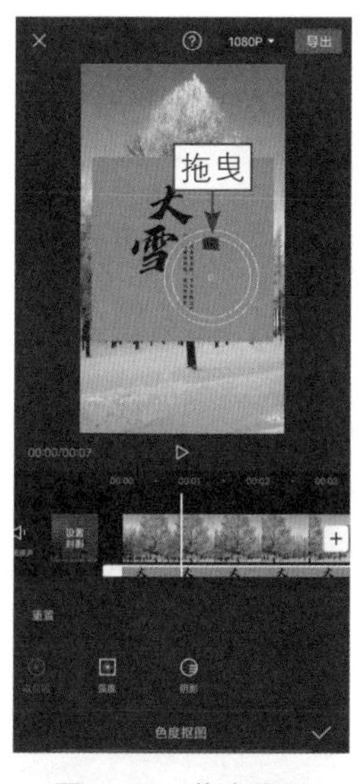

图 2-125　**拖曳圆环**

图 2-126　**设置相关参数**

步骤 11 ❶在文字素材起始位置点击◇按钮，添加关键帧，❷调整文字的大小和位置，使其处于画面最上方位置的外面，如图2-127所示。

步骤 12 ❶拖曳时间轴至视频1s左右的位置；❷微微放大文字素材并移动至视频中间，如图2-128所示。

图 2-127　调整文字的大小和位置

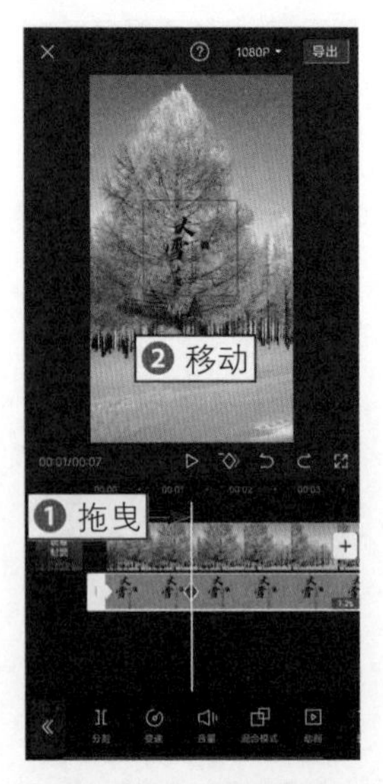

图 2-128　移动文字

步骤 13 ❶拖曳时间轴至视频2s左右的位置；❷放大文字，如图2-129所示。

步骤 14 ❶拖曳时间轴至视频4s左右的位置；❷缩小文字并移动至视频的左下角，如图2-130所示。

图 2-129　放大文字

图 2-130　缩小文字并调整位置

步骤 15 ❶在视频4s左右的位置添加第五段蓝色的文字；❷选择字体；❸调

整文字的大小和位置，如图2-131所示。

步骤 16 ❶切换至“动画”选项卡；❷选择“模糊”动画；❸设置动画时长为1.0s，如图2-132所示。

图 2-131　**调整大小和位置**

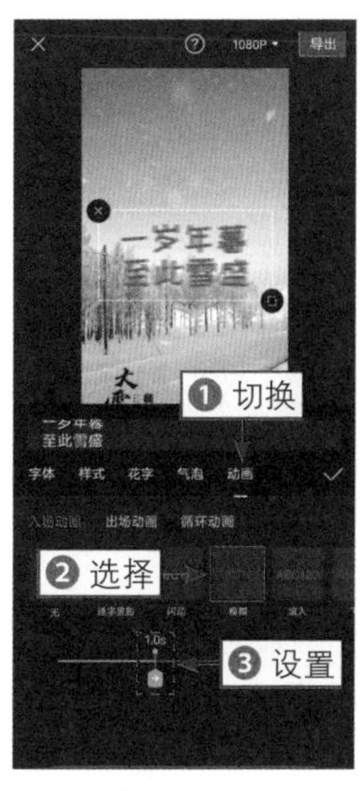

图 2-132　**设置动画时长为 1.0s**

步骤 17 回到主面板，依次点击“特效”按钮和“画面特效”按钮，如图 2-133 所示。

步骤 18 ❶切换至“圣诞”选项卡；❷选择“大雪”特效，如图2-134所示。

图 2-133　**点击“特效”按钮**

图 2-134　**选择“大雪”特效**

019　制作文字倒影效果

扫码看教程

扫码看成品效果

【效果展示】：在剪映App中可以运用“蒙版”功能制作文字倒影效果，这个效果非常适合上下对称类的视频画面，尤其是湖面、海面等视频。文字倒影效果如图2-135所示。

图2-135　文字倒影的效果展示

下面介绍在剪映App中制作文字倒影效果的具体操作方法。

步骤 01 ❶在剪映App中导入一段黑场素材；❷添加文字；❸选择字体，并设置“字间距”为2；❹微微放大文字，如图2-136所示。

步骤 02 ❶切换至“动画”选项卡；❷选择“溶解”动画；❸设置动画时长为2.5s，如图2-137所示，把文字和黑场素材的时长都设置为5s。

图2-136　放大文字

图2-137　设置动画时长

步骤 03 ❶添加“-”符号；❷放大符号，使其可以覆盖文字，如图2-138所示。

步骤 04 ❶在“回到未来”文字动画结束位置点击◇按钮，添加关键帧；❷调整文字的位置，使其处于“–”符号的上面，如图2-139所示。

图 2-138　放大符号

图 2-139　调整文字的位置（1）

步骤 05 ❶拖曳时间轴至文字起始位置；❷调整“回到未来”文字的位置，让符号盖住文字，如图2-140所示。

步骤 06 选择符号，❶切换至“样式”选项卡；❷设置符号颜色为黑色；❸点击“导出”按钮，导出文字素材，如图2-141所示。

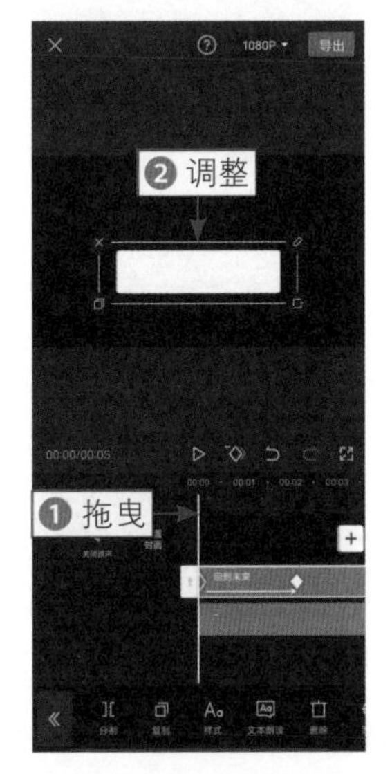

图 2-140　调整文字的位置（2）

图 2-141　点击“导出”按钮

步骤 07 在剪映 App 中导入视频素材，点击“画中画”按钮，如图 2-142 所示。

步骤 08 ❶导入文字素材；❷点击“混合模式”按钮，如图2-143所示。

图 2-142 点击“画中画”按钮

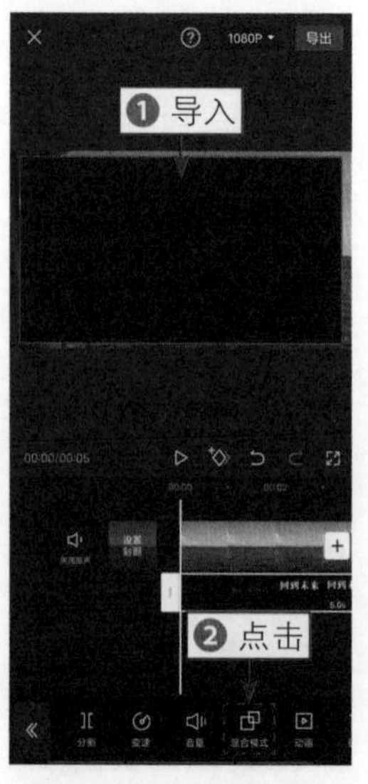

图 2-143 点击相应按钮

步骤 09 ❶选择“滤色”选项；❷调整文字素材的位置，如图2-144所示。

步骤 10 复制文字素材，并拖曳至第二条画中画轨道中，如图2-145所示。

图 2-144 调整文字素材的位置

图 2-145 拖曳至相应轨道中

步骤 11 ❶选择第二条文字素材；❷点击“编辑”按钮，如图2-146所示。

步骤 12 ❶连续两次点击“旋转”按钮；❷点击“镜像”按钮；❸调整文字

的位置，制造倒影感，如图2-147所示。

图 2-146　**点击“编辑”按钮**

图 2-147　**调整文字的位置（3）**

步骤 13 回到上一级面板，点击“蒙版”按钮，如图2-148所示。

步骤 14 ❶点击“线性”蒙版；❷调整蒙版的位置，使其处于两段文字交接处；❸点击“反转”按钮；❹长按 ※ 按钮并向上拖曳，让倒影效果更自然，如图2-149所示。

图 2-148　**点击“蒙版”按钮**

图 2-149　**拖曳相应按钮**

第3章

8个技巧：添加后期音频

本章要点

音频是影视作品里必不可少的一部分，旋律激昂的音乐能振奋人心，流连婉转的音乐能打动人心，还有各种场景适配性极高的纯音乐和音效，都是视频内容的重要组成部分。在剪映 App 中如何给视频添加这些音乐呢？如何装饰这些音乐呢？本章将为大家一一讲解。

020　添加片头曲和片尾音乐

扫码看教程

扫码看成品效果

【效果展示】：片头曲和片尾音乐是影视作品中最主要的音频，在剪映App中如何添加呢？在哪里能找到这些音频素材呢？本节将为大家介绍步骤，添加音乐后的视频效果如图3-1所示。

图 3-1　添加片头曲和片尾音乐的视频效果展示

下面介绍在剪映 App 中添加片头曲和片尾音乐的具体操作方法。

步骤 01 在剪映App中导入视频素材，点击“音频”按钮，如图3-2所示。

步骤 02 在弹出的面板中点击“音乐”按钮，如图3-3所示。

步骤 03 进入“添加音乐”页面，上半部分是剪映音乐曲库中的分区音乐，下半部分主要是推荐曲、收藏区和导入区，❶切换至“抖音收藏”选项卡；❷点击

图 3-2　点击“音频”按钮

图 3-3　点击“音乐”按钮(1)

所选音乐右侧的“使用”按钮，如图3-4所示，添加片头曲。

步骤 04 ❶选择音频素材；❷拖曳时间轴至第一段画面的末尾位置；❸点击“分割”按钮，如图3-5所示，分割音频。

图 3-4　**点击“使用”按钮（1）**

图 3-5　**点击“分割”按钮**

步骤 05 ❶选择分割后的第二段音频素材；❷点击“删除”按钮，如图3-6所示，删除多余的音频素材。

步骤 06 点击“音乐”按钮，添加片尾音乐，如图3-7所示。

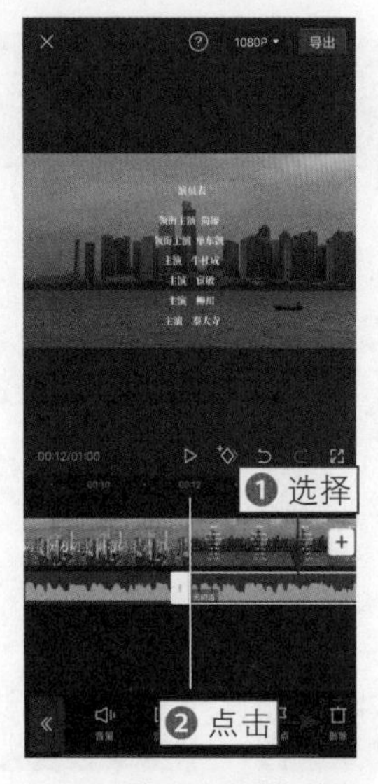

图 3-6　**点击“删除”按钮**

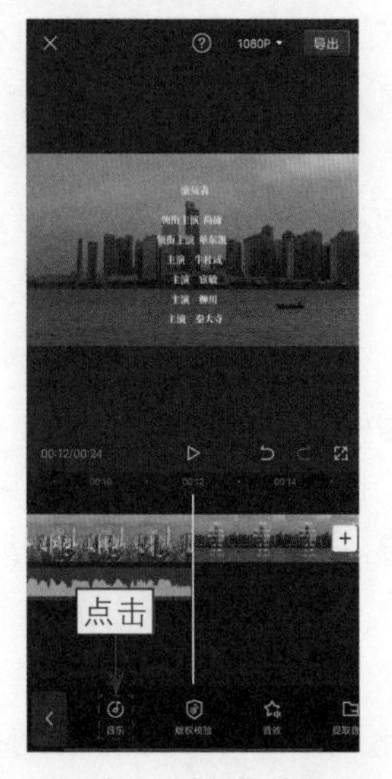

图 3-7　**点击“音乐”按钮（2）**

步骤 07 在“添加音乐”页面的搜索栏中搜索音乐，如图3-8所示。

步骤 08 点击所选音乐右侧的“使用”按钮，如图3-9所示。

步骤 09 添加片尾音乐，❶ 选择音频素材；❷ 拖曳时间轴至视频末尾位置；❸ 点击“分割”按钮，分割音频；❹ 选择分割后的第二段音频素材；❺ 点击“删除”按钮，如图 3-10 所示。执行上述操作后，即可成功添加片头曲和片尾音乐。

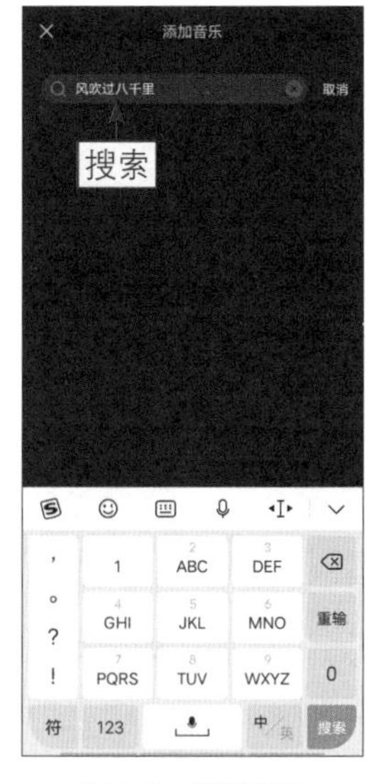

图 3-8　搜索音乐

图 3-9　点击“使用”按钮（2）

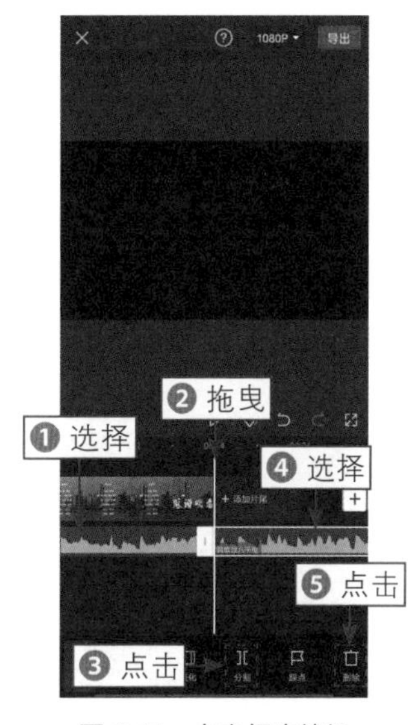

图 3-10　点击相应按钮

021　运用变身功能隐藏原声

扫码看教程

扫码看成品效果

【效果展示】：在剪映App中更新了很多“变声”选项，用户可以根据需要选择合适的“变声”选项，隐藏视频中的原声，音频变声后的视频效果如图3-11所示。

图 3-11　音频变声后的视频效果展示

下面介绍在剪映App中运用“变声”功能隐藏原声的具体操作方法。

步骤 01 在剪映App中导入一段有人声音频的视频素材，如图3-12所示。

步骤 02 ❶选择视频素材；❷点击“变声”按钮，如图3-13所示。

步骤 03 进入“变声”面板，❶切换至“搞笑”选项卡；❷选择“花栗鼠”选项，如图3-14所示，即可把视频原声变声为另一个声音，隐藏原声。

图 3-12　点击导入素材

图 3-13　点击“变声”按钮

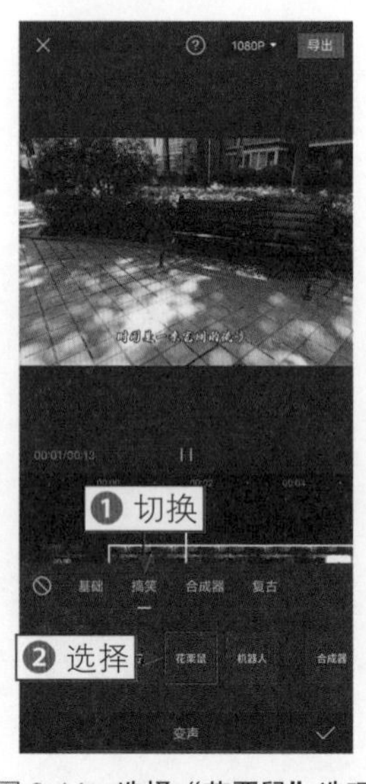

图 3-14　选择“花栗鼠”选项

022　提取电影中的背景音乐

扫码看教程　扫码看成品效果

【效果展示】：电影中的背景音乐一般都是纯音乐，而且歌曲全名一般没有，直接搜索是比较难搜索出来的，这时可以运用剪映App中的“提取音乐”功能提取电影中的背景音乐，视频效果如图3-15所示。

图 3-15　提取背景音乐的视频效果展示

下面介绍在剪映App中提取电影中的背景音乐的具体操作方法。

步骤 01 在剪映App中导入素材，点击“音频”按钮，如图3-16所示。

步骤 02 在弹出的面板中点击“提取音乐”按钮，如图3-17所示。

图 3-16　点击“音频”按钮

图 3-17　点击“提取音乐”按钮

步骤 03 ❶选择有背景音乐的电影片段视频；❷点击“仅导入视频的声音”按钮，如图3-18所示，提取电影中的背景音乐。

步骤 04 添加音频之后，调整音频的时长，对齐视频素材的时长，如图3-19所示。

图 3-18　点击“仅导入视频声音”按钮

图 3-19　调整音频的时长

023 设置淡入淡出的插曲

扫码看教程

扫码看成品效果

【效果展示】：插曲一般在视频中间忽然出现，如何让添加的插曲音乐开始和结束时不那么突兀呢？可以运用剪映App中的“淡化”功能给音乐设置淡入淡出效果，设置之后的视频效果如图3-20所示。

图3-20 设置淡入淡出的视频效果展示

下面介绍在剪映App中设置音量淡入淡出的具体操作方法。

步骤 01 在剪映App中导入素材，点击“音频”按钮，如图3-21所示。

步骤 02 在弹出的面板中点击“抖音收藏”按钮，如图3-22所示。

步骤 03 点击所选音乐右侧的“使用”按钮，如图3-23所示，添加插曲。

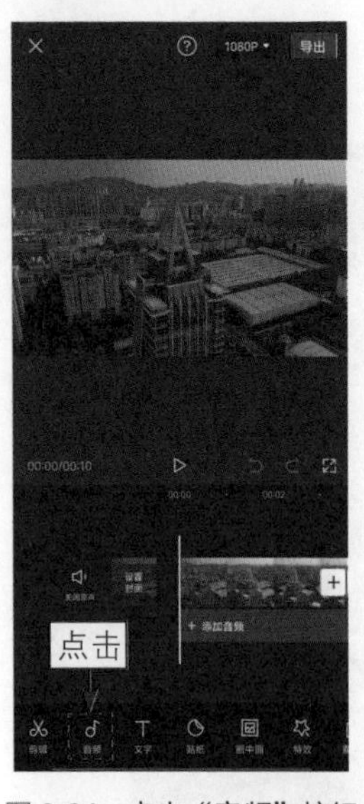

图3-21 点击“音频”按钮

图3-22 点击“抖音收藏”按钮

图3-23 点击“使用”按钮

步骤 04 添加音乐之后，❶选择音频素材；❷拖曳时间轴至视频末尾位置；

❸点击“分割”按钮，分割音频，如图3-24所示。

步骤 05 ❶选择分割后的第二段音频素材；❷点击“删除”按钮，如图3-25所示，删除多余的片段。

图 3-24　**点击“分割”按钮**

图 3-25　**点击“删除”按钮**

步骤 06 ❶选择音频素材；❷点击“淡化”按钮，如图3-26所示。

步骤 07 进入“淡化”面板，设置“淡入时长”为0.7s，如图3-27所示。

步骤 08 设置“淡出时长”为0.9s，如图3-28所示，即可让音频淡入淡出。

图 3-26　**点击“淡化”按钮**

图 3-27　**设置“淡入时长”**

图 3-28　**设置“淡出时长”**

024 音频分离设置音量

扫码看教程

扫码看成品效果

【效果展示】：在剪映App中运用“音频分离”功能可以把视频中的音乐单独提取至音频轨道中，之后就可以单独设置音频的“音量”数值，设置音量之后视频效果如图3-29所示。

图 3-29 音频分离设置音量的视频效果展示

下面介绍在剪映App中音频分离设置音量的具体操作方法。

步骤 01 导入视频素材，❶选择素材，❷点击“音频分离”按钮，如图3-30所示。

步骤 02 分离出音频之后，❶ 选择音频，❷ 点击“音量”按钮，如图 3-31 所示。

步骤 03 在弹出的面板中设置“音量”数值为 200，如图 3-32 所示，提高音量。

图 3-30 点击“音频分离”按钮

图 3-31 点击“音量”按钮

图 3-32 设置“音量”数值

025　后期录制配音旁白

扫码看教程

扫码看成品效果

【效果展示】：如果前期拍摄没有收音，后期可以在剪映App中通过“录音”功能添加配音旁白，配音之后的视频效果如图3-33所示。

图 3-33　后期录制配音旁白的视频效果展示

下面介绍在剪映App中录制配音旁白的具体操作方法。

步骤 01 在剪映App中导入素材，点击“音频”按钮，如图3-34所示。

步骤 02 在弹出的面板中点击“录音”按钮，如图3-35所示。

图 3-34　点击“音频”按钮

图 3-35　点击“录音”按钮

步骤 03 在“按住录音”面板中长按按钮，并开始录音，如图3-36所示。

步骤 04 录音结束后，视频下方生成了一条“录音 1”音频轨道，如图 3-37 所示。

步骤 05 ❶选择视频素材；❷拖曳时间轴至音频素材末尾位置；❸点击“分割”按钮，如图3-38所示，分割视频。

图 3-36　长按相应按钮

图 3-37　生成音频轨道

图 3-38　点击“分割”按钮

步骤 06 ❶选择分割后的第一段视频素材；❷点击“音量”按钮，如图3-39所示。

步骤 07 在“音量”面板中设置“音量”为 0，使其为静音，如图 3-40 所示。

步骤 08 ❶选择音频；❷设置“音量”为1000，如图3-41所示，提高录音音频的音量。上述所有操作完成后，即可成功录制后期配音旁白。

图 3-39　点击“音量”按钮

图 3-40　设置“音量”数值

图 3-41　设置“音量”数值为 1000

026　添加影视场景音效

【效果展示】：在剪映App中的“音效”素材库中有各种场景音效，魔法音效、打斗音效、动物音效和环境音效等，例如雨天的视频就可以添加下雨音效，让雨声更加清晰，视频效果如图3-42所示。

图 3-42　添加影视场景音效的视频效果展示

下面介绍在剪映App中添加影视场景音效的具体操作方法。

步骤 01　在剪映App中导入素材，点击“音频”按钮，如图3-43所示。

步骤 02　在弹出的面板中点击“音效”按钮，如图3-44所示。

图 3-43　点击“音频”按钮

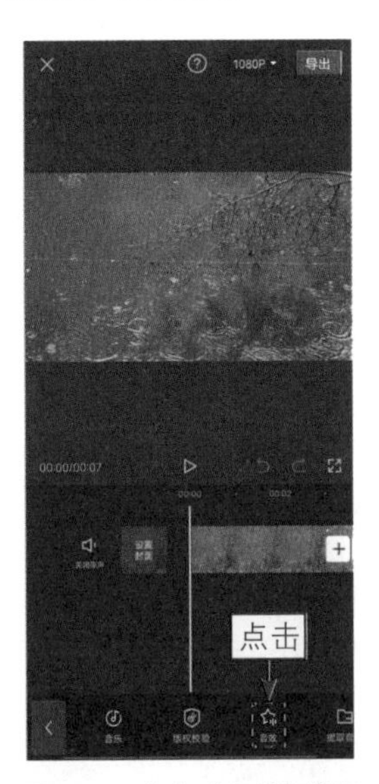

图 3-44　点击“音效”按钮

步骤 03　弹出的相应面板中有各类音效，在搜索栏中还可以搜索音效，如图 3-45 所示。

步骤 04 ❶切换至“环境音”选项卡；❷点击“雨滴”音效右侧的“使用”按钮，如图3-46所示，添加雨声音效。

图 3-45 弹出相应面板

图 3-46 点击“使用”按钮

步骤 05 ❶选择音效素材；❷拖曳时间轴至视频末尾位置；❸点击“分割”按钮，如图3-47所示，分割音效。

步骤 06 ❶选择第二段音效；❷点击“删除”按钮删除多余音效，如图3-48所示。

图 3-47 点击“分割”按钮

图 3-48 点击“删除”按钮

027　制作踩点节奏视频

扫码看教程

扫码看成品效果

【效果展示】：在剪映App中运用“踩点”功能就能制作踩点视频，让视频画面跟着音乐节奏变换形式，下面是一个夕阳卡点视频，画面效果如图3-49所示。

图 3-49　踩点节奏视频的画面效果展示

下面介绍在剪映App中制作踩点节奏视频的具体操作方法。

步骤 01 在剪映 App 中导入 5 段夕阳照片素材，点击“比例”按钮，如图 3-50 所示。

步骤 02 在弹出的面板中选择 9∶16 选项，如图 3-51 所示，统一视频的画面比例。

图 3-50　点击“比例”按钮

图 3-51　选择 9∶16 选项

步骤 03 回到上一级面板，依次点击“背景”按钮和“画布模糊”按钮；❶ 选择第四个样式；❷ 点击“应用到全部”按钮，如图 3-52 所示，设置统一的画面背景。

步骤 04 回到主面板，点击第一段素材与第二段素材之间的“转场” 按钮，如图3-53所示。

图 3-52 点击“应用到全部”按钮

图 3-53 点击“转场”按钮

步骤 05 进入“转场”面板，❶切换至“运镜转场”选项卡；❷选择“拉远”转场，如图3-54所示。用同样的方法，为第二段素材与第三段素材之间设置“基础转场”选项卡中的“叠化”转场，为第三段素材与第四段素材之间设置“基础转场”选项卡中的“叠加”转场，为第四段素材与第五段素材之间设置“基础转场”选项卡中的“叠化”转场。

步骤 06 回到主面板，依次点击“音频”和“抖音收藏”按钮，在“抖音收藏”选项卡中点击所选音乐右侧的“使用”按钮，如图3-55所示。

步骤 07 添加相应的卡点音乐，❶选择音频轨道；❷点击“踩点”按钮，如图3-56所示。

步骤 08 进入“踩点”面板，❶ 点击“自动踩点”按钮；❷ 选择“踩节拍 I”选项，如图 3-57 所示。

步骤 09 调整第一段素材的时长，对齐音频轨道中第二个小黄点的位置，如图3-58所示。

步骤 10 用与上述同样的方法，调整剩下素材的时长，对齐每个小黄点的位置，如图3-59所示。

图 3-54　**选择“拉远”转场**

图 3-55　**点击“使用”按钮**

图 3-56　**点击“踩点”按钮**

图 3-57　**选择“踩节拍 I”选项**

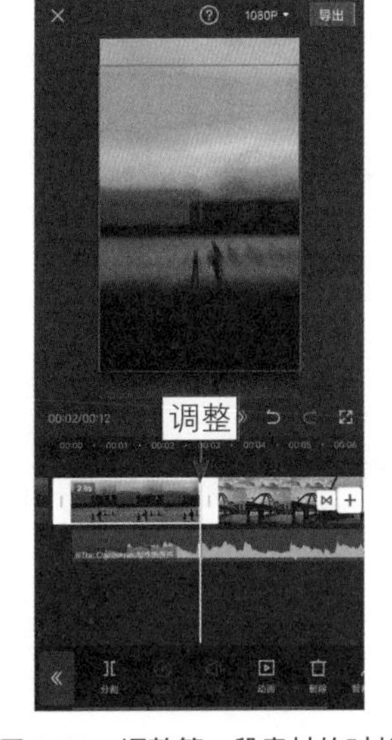

图 3-58　**调整第一段素材的时长**

图 3-59　**调整剩下素材的时长**

步骤 11 ❶选择第一段素材；❷点击“动画”按钮，如图3-60所示。

步骤 12 在弹出的面板中点击“出场动画”按钮，如图3-61所示。

步骤 13 ❶在弹出的面板中选择“向下滑动”动画；❷设置“动画时长”为1.0s，如图3-62所示。

步骤 14 ❶选择第二段素材；❷点击“组合动画”按钮，如图3-63所示。

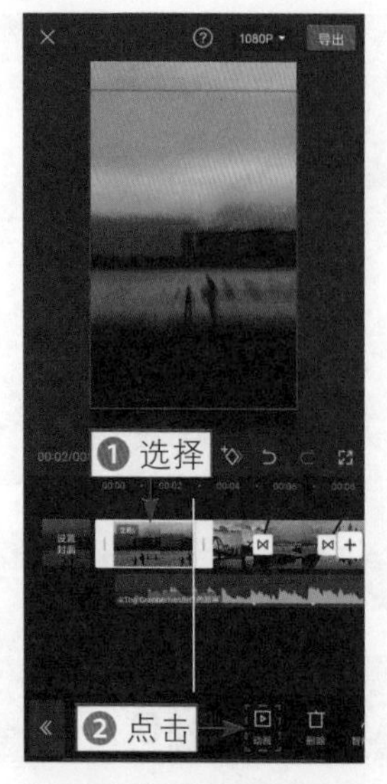

图3-60　点击“动画”按钮

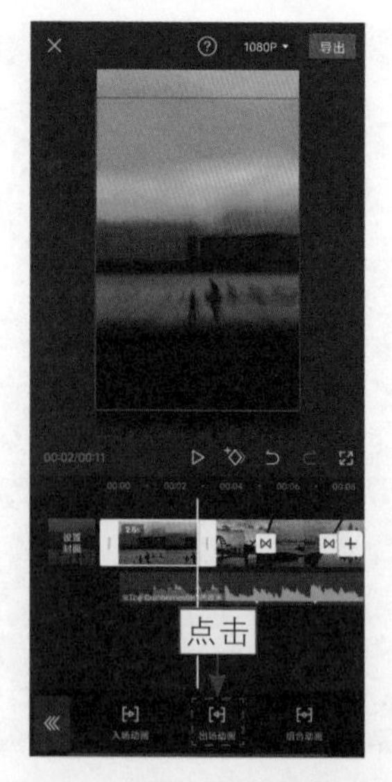

图3-61　点击“出场动画”按钮

图3-62　设置“动画时长”为1.0s

图3-63　点击“组合动画”按钮

步骤 15 选择“荡秋千”动画，如图3-64所示。在“组合动画”选项卡中为第三段素材添加“抖入放大”动画，为第四段素材添加“滑入波动”动画，为第五段素材添加“回弹伸缩”动画。

步骤 16 回到主面板，❶拖曳时间轴至视频起始位置；❷依次点击“特效”和“画面”特效按钮，如图3-65所示。

步骤 17 ❶切换至“基础”选项卡；❷选择“变清晰”特效，如图3-66所示。

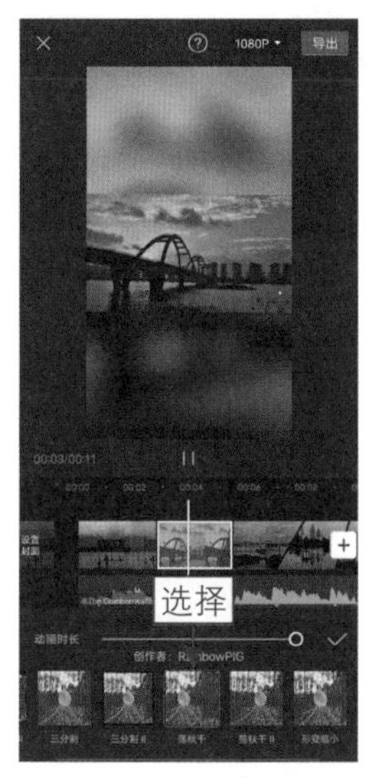

图 3-64　选择“荡秋千”动画

图 3-65　点击“特效”按钮

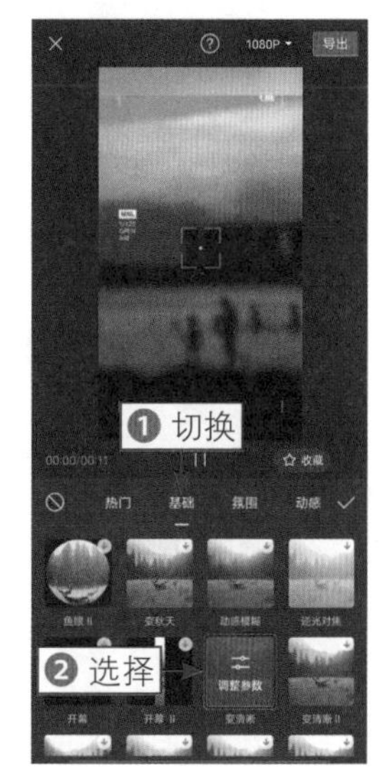

图 3-66　选择“变清晰”特效

步骤 18 添加特效，❶根据歌词内容添加一段歌词文字；❷选择合适的字体，如图3-67所示。

步骤 19 调整第一段歌词文字的时长，对齐音乐画面，如图3-68所示。

步骤 20 用同样的方法，为剩下的画面添加歌词文字，如图3-69所示。

图 3-67　选择合适的字体

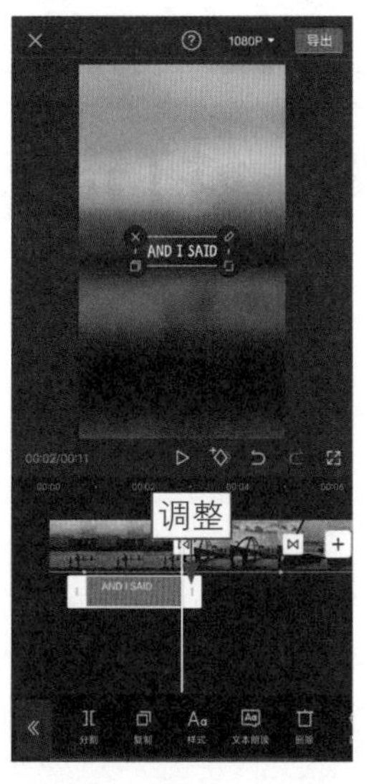

图 3-68　调整文字的时长

图 3-69　添加歌词文字

第 4 章

10个模板，打造热门爆款

本章要点

在剪映App中不仅可以剪辑视频，还有很多爆款模板可选，让用户一键制作同款视频，当然还能编辑草稿，导出视频之后也能进行再加工，从而达到用户想要的效果，而且整体操作非常简单，对新人来说也非常方便，是大家省时省力的不二选择。本章主要介绍10个爆款模板。

028　奇幻变脸，变身游戏漫画角色

扫码看教程

扫码看成品效果

【效果展示】：在剪映 App 中的“剪同款”页面中有大量的爆款模板，使用“剪同款”功能就能一键套用模板，制作出一样的画面效果，把现实人像的脸变身为游戏漫画脸，效果如图 4-1 所示。

图 4-1　变身游戏漫画的效果展示

下面介绍在剪映App中变身游戏漫画角色的具体操作方法。

步骤 01 在手机中打开剪映App，在软件首页点击底下的“剪同款”按钮，如图4-2所示。

步骤 02 进入“剪同款”页面，可以看到页面中有很多模板，大家可以滑动页面选择喜欢的模板，也可以搜索关键词找寻模板，如图4-3所示。

步骤 03 ❶在搜索栏中输入关键词搜索模板；❷选择一款使用量最多的模板，如图4-4所示。

步骤 04 进入相应的页面，点击右下角的“剪同款”按钮，如图4-5所示。大家看到喜欢的模板，也可以点赞，这样就能收藏在剪映App的个人主页的“喜欢”选项卡中，后面使用就会非常方便。

步骤 05 ❶在“照片视频”页面中选择一张人像照片；❷点击“下一步”按钮，如图4-6所示。

步骤 06 预览画面确定效果之后，❶点击“导出”按钮；❷在“导出设置”

界面中点击“无水印保存并分享”按钮，如图4-7所示，这样导出的视频就没有水印了。

图 4-2　点击“剪同款”按钮（1）

图 4-3　进入相应的页面

图 4-4　选择一款模板

图 4-5　点击“剪同款”按钮（2）

图 4-6　点击“下一步”按钮

图 4-7　点击相应的按钮

029　光线扫描，特效闪耀眼球

扫码看教程

扫码看成品效果

【效果展示】：剪映App的个人主页的“喜欢”选项卡中，也能一键套用剪映App中的同款模板，制作出炫酷的光线扫描特效，效果如图4-8所示。

图 4-8　光线扫描特效的效果展示

下面介绍在剪映App中制作光线扫描特效的具体操作方法。

步骤 01 打开剪映 App，❶点击“我的”按钮 ；❷在“喜欢”选项卡中选择模板，如图 4-9 所示。

步骤 02 进入相应的页面，点击“剪同款”按钮，如图 4-10 所示。

步骤 03 ❶在“照片视频”页面中选择一张人像照片；❷点击“下一步”按钮，如图4-11所示

步骤 04 预览画面确定效果之后，❶点击“导出”按钮；❷在“导出设置”界面中点击“无水印保存并分享”按钮，如图4-12所示，导出视频。

图 4-9　选择模板

图 4-10　点击“剪同款”按钮

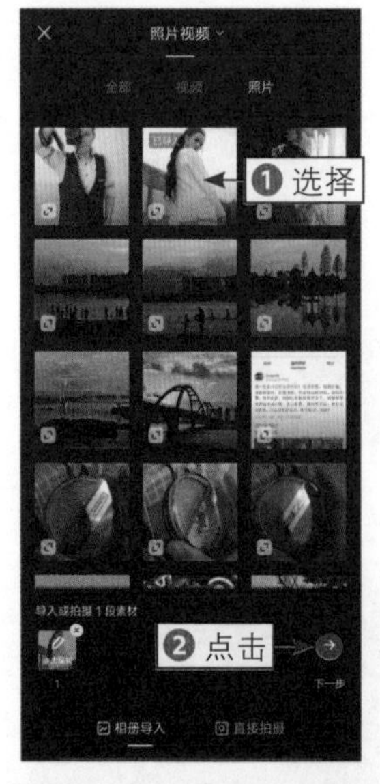

图 4-11 点击“下一步”按钮

图 4-12 点击相应的按钮

030 立体相框，记录最佳的你

扫码看教程

扫码看成品效果

【效果展示】：写真照片非常适合制作立体相框特效，相框的边缘具有立体感，背景画面还有一些文字和贴纸，非常可爱，效果如图4-13所示。

图 4-13 立体相框的效果展示

下面介绍在剪映App中制作立体相框特效的具体操作方法。

步骤 01 在剪映 App 的“喜欢”选项卡中选择一款收藏的模板，如图 4-14 所示。

步骤 02 进入相应的页面，点击“剪同款”按钮，如图4-15所示。

图 4-14　选择一款模板

图 4-15　点击“剪同款”按钮

步骤 03 ❶选择两张写真照片；❷点击“下一步”按钮，如图4-16所示。

步骤 04 预览画面确定效果之后，❶点击“导出”按钮；❷在“导出设置”界面中点击“无水印保存并分享”按钮，如图4-17所示，导出视频。

步骤 05 把导出的视频在剪映中打开，分割并删除多余的部分，如图 4-18 所示。

图 4-16　点击“下一步”按钮

图 4-17　点击相应的按钮

图 4-18　删除多余部分

031 四格相框，个性年终相册

扫码看教程

扫码看成品效果

【效果展示】：年底的时候，可以套用这个模板，制作四格相框视频，把一年中最美的画面记录下来，又酷又有特色，效果如图4-19所示。

图 4-19　四格相框的效果展示

下面介绍在剪映App中制作四格相框特效的具体操作方法。

步骤 01 在剪映 App 的"喜欢"选项卡中选择一款收藏的模板，如图 4-20 所示。

步骤 02 进入相应的页面，点击"剪同款"按钮，如图4-21所示。

图 4-20　选择模板

图 4-21　点击"剪同款"按钮

步骤 03 ❶在“照片视频”页面中选择4张照片；❷点击“下一步”按钮，如图4-22所示。

步骤 04 预览画面确定效果之后，❶点击“导出”按钮；❷在“导出设置”界面中点击“无水印保存并分享”按钮，如图4-23所示，导出视频。

图 4-22　点击“下一步”按钮

图 4-23　点击相应的按钮

032　封面碎片，时尚甜美卡点

扫码看教程　扫码看成品效果

【效果展示】：在剪映App中使用多张照片可以制作这个封面碎片卡点，尤其是画面上方留白较多的照片，再加上一些英文文字，能让卡点效果更加丰富，效果如图4-24所示。

图 4-24　封面碎片卡点的效果展示

下面介绍在剪映App中制作封面碎片卡点视频的具体操作方法。

步骤 01 在剪映 App 的“喜欢”选项卡中选择一款收藏的模板，如图 4-25 所示。

步骤 02 进入相应的页面，点击“剪同款”按钮，如图4-26所示。

图 4-25　选择一款模板

图 4-26　点击“剪同款”按钮

步骤 03 ❶在“照片视频”页面中选择9张照片；❷点击“下一步”按钮，如图4-27所示。

步骤 04 预览画面确定效果之后，❶点击“导出”按钮；❷在“导出设置”界面中点击“无水印保存并分享”按钮，如图4-28所示，导出视频。

图 4-27　点击“下一步”按钮

图 4-28　点击相应的按钮

033　唯美古风，展现韵味美人

扫码看教程

扫码看成品效果

【效果展示】：在剪映App中的“剪同款”页面中还有很多古风模板，只需要一张照片，即可制作出精美的古风溶图效果，唯美古风效果如图4-29所示。

图 4-29　**唯美古风的效果展示**

下面介绍在剪映App中制作唯美古风视频的具体操作方法。

步骤 01 在剪映 App 的“喜欢”选项卡中选择一款收藏的模板，如图 4-30 所示。

步骤 02 进入相应的页面，点击右下角的“剪同款”按钮，如图4-31所示。

图 4-30　**选择一款模板**

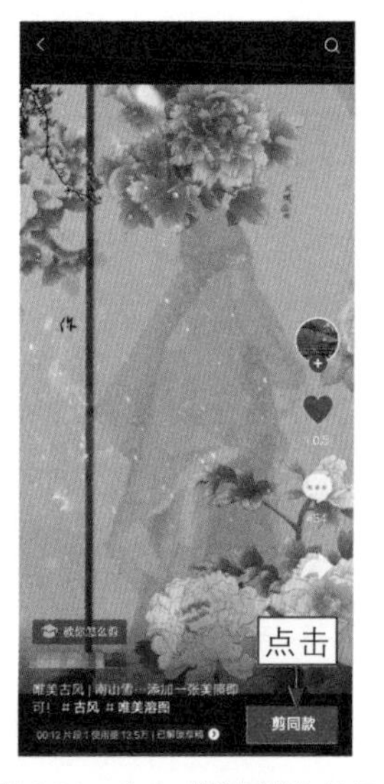

图 4-31　**点击“剪同款”按钮**

步骤 03 ❶ 在“照片视频”页面中选择一张古装照片；❷ 点击“下一步”按钮，如图 4-32 所示。

步骤 04 预览画面后，如果效果不好，点击“编辑模板草稿”按钮，如图4-33所示。

步骤 05 ❶在视频草稿中选择文字；❷调整文字的大小和位置，使其处于画面的右边，如图4-34所示。

步骤 06 ❶选择画中画轨道中的烟雾素材；❷调整位置至画面右侧，使其覆盖文字，如图4-35所示，对另一段烟雾素材也进行同样的设置，之后导出素材。

图 4-32　点击“下一步”按钮

图 4-33　点击相应的按钮

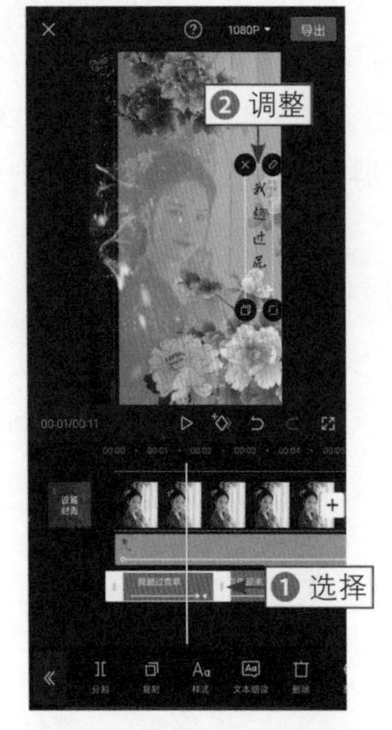

图 4-34　调整文字的大小和位置

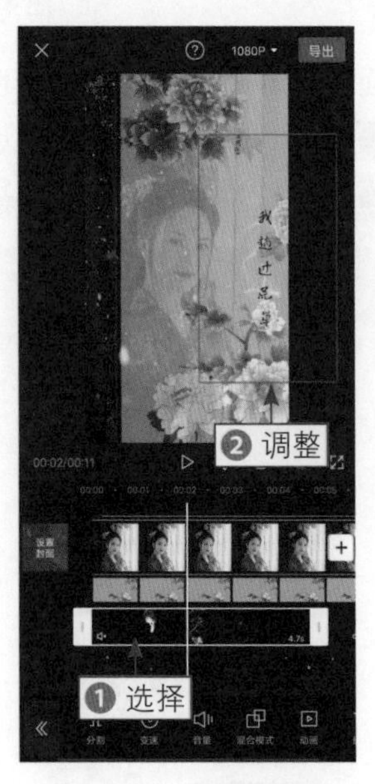

图 4-35　调整位置

034　潮流九宫格，玩转朋友圈

扫码看教程　　扫码看成品效果

【效果展示】：九宫格玩法，不仅实现了人像换脸的特效，还有炫酷的拼图玩法，非常适合酷一点的照片，效果如图4-36所示。

图 4-36　潮流九宫格的效果展示

下面介绍在剪映App中制作潮流九宫格拼图视频的具体操作方法。

步骤 01 在剪映 App 的“喜欢”选项卡中选择一款收藏的模板，如图 4-37 所示。

步骤 02 进入相应的页面，点击“剪同款”按钮，如图4-38所示。

图 4-37　点击“音频”按钮

图 4-38　点击“剪同款”按钮

步骤 03 ❶在“照片视频”页面中选择一张照片；❷点击“下一步”按钮，如图4-39所示。

步骤 04 预览画面确定效果之后，❶点击“导出”按钮；❷在“导出设置”界面中点击“无水印保存并分享”按钮，如图4-40所示，导出视频。

图 4-39　点击“下一步”按钮

图 4-40　点击相应的按钮

035　3D运镜，人像立体变焦卡点

扫码看教程　扫码看成品效果

【效果展示】：相比较希区柯克玩法制作的变焦卡点视频，效果比较平面，这次运用3D运镜玩法制作的卡点视频，画面非常立体，效果十分生动，效果如图4-41所示。

图 4-41　3D 运镜卡点的效果展示

下面介绍在剪映App中制作3D运镜卡点视频的具体操作方法。

步骤 01 在剪映 App 的"喜欢"选项卡中选择一款收藏的模板，如图 4-42 所示。

步骤 02 进入相应的页面，点击"剪同款"按钮，如图4-43所示。

图 4-42　**选择一款模板**

图 4-43　**点击"剪同款"按钮**

步骤 03 ❶在"照片视频"页面中选择4张照片；❷点击"下一步"按钮，如图4-44所示。

步骤 04 预览画面确定效果之后，❶点击"导出"按钮；❷在"导出设置"界面中点击"无水印保存并分享"按钮，如图4-45所示，导出视频。

图 4-44　**点击"下一步"按钮**

图 4-45　**点击相应的按钮**

036 投影仪照片，定格最美时光

扫码看教程

扫码看成品效果

【效果展示】：投影仪照片的效果能让两张照片合成在一起，画面十分梦幻和唯美，非常适合用在画面背景干净的照片中，效果如图4-46所示。

图4-46 投影仪照片的效果展示

下面介绍在剪映App中制作投影仪照片特效的具体操作方法。

步骤 01 打开剪映App，❶点击“我的”按钮；❷在“喜欢”选项卡中选择模板，如图4-47所示。

步骤 02 进入相应的页面，点击“剪同款”按钮，如图4-48所示。

图4-47 选择模板

图4-48 点击“剪同款”按钮

步骤 03 ❶在“照片视频”页面中选择两张人像照片；❷点击“下一步”按钮，如图4-49所示

步骤 04 预览画面确定效果之后，❶点击“导出”按钮；❷在“导出设置”界面中点击“无水印保存并分享”按钮，如图4-50所示，导出视频。

图 4-49　点击“下一步”按钮

图 4-50　点击相应的按钮

037　多重曝光，高级画中画玩法

扫码看教程　扫码看成品效果

【效果展示】：高级画中画玩法能让两张照片合成到一个画面中，再通过多重曝光显现出来，整体的画面非常酷炫，各类人像照片都适用于这个特效，效果如图4-51所示。

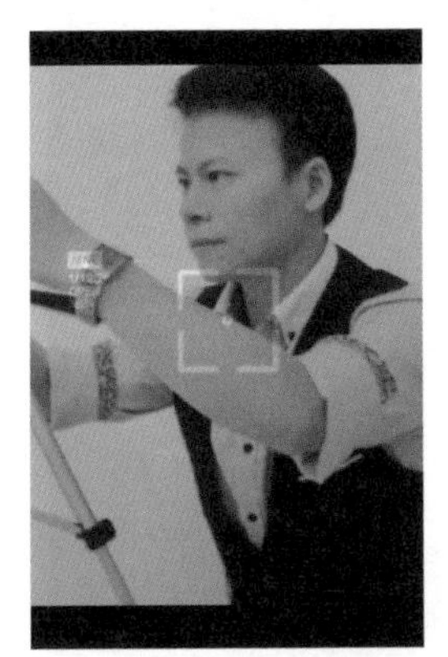

图 4-51　高级画中画玩法的效果展示

下面介绍在剪映App中制作高级画中画玩法特效的具体操作方法。

步骤 01 在剪映App的“喜欢”选项卡中选择第一款收藏的画中画模板，如图4-52所示。

步骤 02 进入相应的页面，点击“剪同款”按钮，如图4-53所示。

图 4-52 选择模板

图 4-53 点击“剪同款”按钮（1）

步骤 03 ❶选择两张人像照片；❷点击“下一步”按钮，如图4-54所示。

步骤 04 预览画面确定效果之后，❶点击“导出”按钮；❷在“导出设置”界面中点击“无水印保存并分享”按钮，如图4-55所示，导出视频。

图 4-54 点击“下一步”按钮

图 4-55 点击相应的按钮（1）

步骤 05 在“喜欢”选项卡中选择第二款收藏的画中画模板，如图 4-56 所示。

步骤 06 进入相应的页面，点击“剪同款”按钮，如图4-57所示。

图 4-56　选择第二款模板

图 4-57　点击“剪同款”按钮（2）

步骤 07 ❶选择两张人像照片；❷点击“下一步”按钮，如图4-58所示。

步骤 08 预览画面，点击“编辑模板草稿”按钮，如图4-59所示。

图 4-58　进入相应的页面

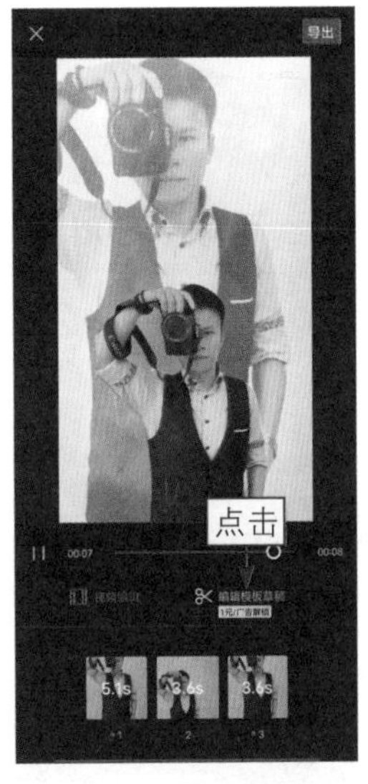

图 4-59　点击相应的按钮（2）

步骤 09 在弹出的面板中点击“看30s广告解锁草稿”按钮，如图4-60所示。

步骤 10 解锁草稿之后，❶调整画中画轨道中素材的位置；❷点击“导出”

按钮导出视频，如图4-61所示。

图4-60　点击“看30s广告解锁草稿”按钮

图4-61　点击“导出”按钮

步骤 11 在剪映App中导入刚才导出的两段视频，❶选择第二段视频；❷点击“音频分离”按钮，如图4-62所示，提取音频素材。

步骤 12 ❶调整音频的位置，对齐第一段视频；❷把第一段视频的“音量”数值调整至0，设置静音，如图4-63所示。

图4-62　点击“音频分离”按钮

图4-63　调整“音量”数值

步骤 13 在第一段视频3s的位置点击“分割”按钮，如图4-64所示。

步骤 14 ❶选择第一段素材；❷设置变速为0.6×，如图4-65所示，使画面卡点。

图 4-64　点击“分割”按钮

图 4-65　设置变速为 0.6×

步骤 15 调整后两段的素材时长为2.0s，露出变身后的画面，如图4-66所示。

步骤 16 在第二段素材与第三段素材之间设置“色差故障”转场，如图4-67所示。

图 4-66　调整素材的时长

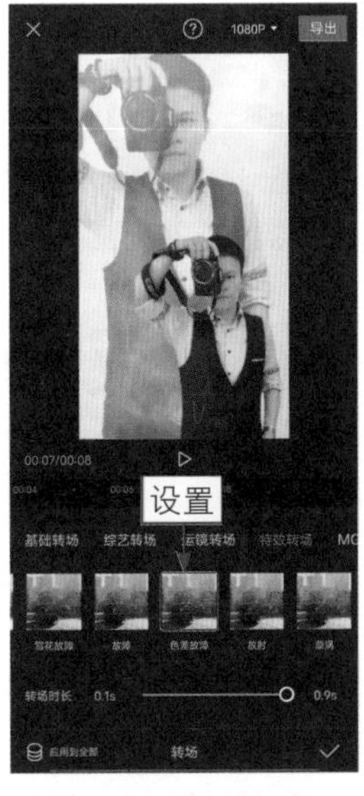

图 4-67　设置“色差故障”转场

创意后期篇

第5章

7个技巧，抠像创意合成

本章要点

在剪映App中运用"抠图"功能制作特效有几种方法，不过最常见的就是"智能抠像"和"色度抠图"，掌握这两个基本抠图方法，并搭配上剪映中的其他功能，就能制作出创意抠像合成视频。本章主要介绍制作建筑抠像转场特效、人物一分为三特效、天空之镜等7款创意合成特效的制作方法和技巧。

038　制作建筑抠像转场特效

扫码看教程

扫码看成品效果

【效果展示】：建筑抠像转场特效的制作要点是先把视频画面中的建筑抠图处理，然后把这个抠像图片素材制作出动画转场效果，也就是建筑从天而降的转场特效，效果如图5-1所示。

图 5-1　**建筑抠像转场特效的效果展示**

下面介绍在剪映App中制作建筑抠像转场特效的具体操作方法。

步骤 01 在剪映App中导入三段建筑视频，❶选择第一段素材；❷点击“定格”按钮，如图5-2所示。

步骤 02 定格画面之后，调整定格素材的时长为0.5s，如图5-3所示。

图 5-2　**点击“定格”按钮**

图 5-3　**调整定格素材的时长**

步骤 03 在主面板中依次点击“画中画”和“新增画中画”按钮，如图 5-4 所示。

步骤 04 在“照片视频”页面中添加一张建筑抠图照片素材，如图5-5所示。

步骤 05 ❶ 调整抠图素材的时长为 0.5s；❷ 点击“动画”按钮，如图 5-6 所示。

图5-4 点击“画中画”按钮

图5-5 添加抠图素材

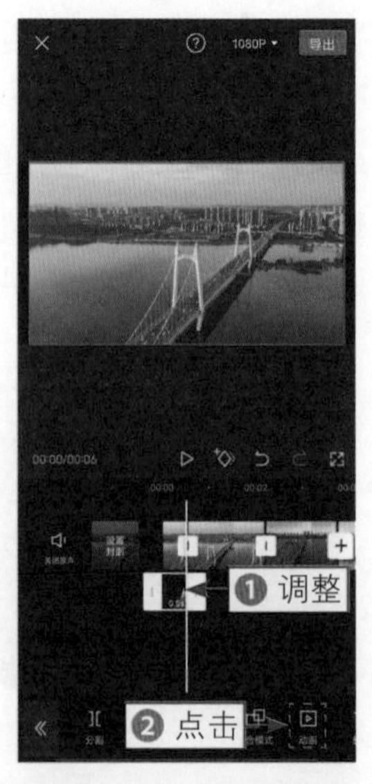

图5-6 点击“动画”按钮

步骤 06 点击“入场动画”按钮，如图5-7所示。

步骤 07 选择“向下甩入”动画，如图 5-8 所示，制作抠图建筑从天而降的效果。

步骤 08 回到上一级面板，点击“新增画中画”按钮，如图5-9所示。

图5-7 点击“入场动画”按钮

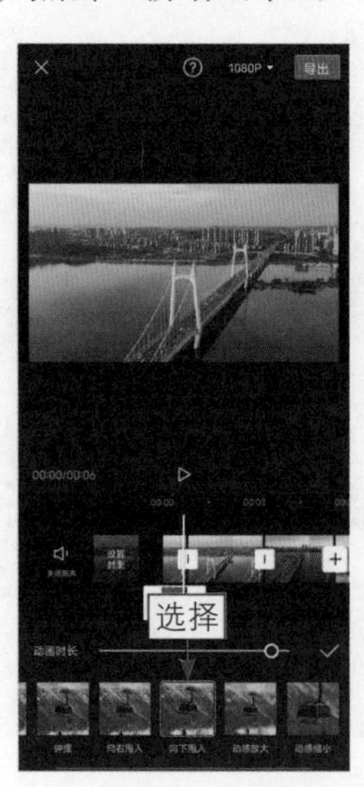

图5-8 选择“向下甩入”动画

图5-9 点击相应的按钮

步骤 09 在“照片视频”页面中添加烟雾视频素材，点击“混合模式”按钮，如图5-10所示。

步骤 10 选择“滤色”选项，如图5-11所示。

步骤 11 ❶调整烟雾素材的时长，使其对齐抠图素材的时长；❷再调整位置，使其处于建筑的下方位置，如图5-12所示。

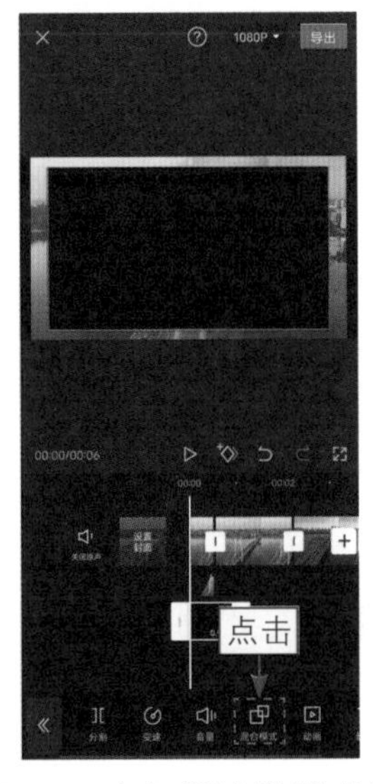

图 5-10　点击“混合模式”按钮

图 5-11　选择“滤色”选项

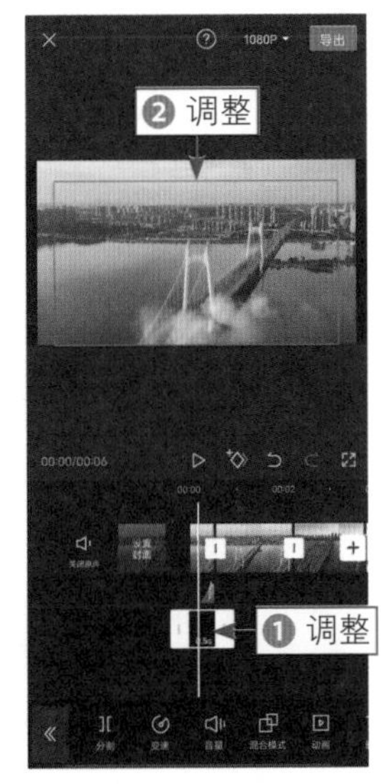

图 5-12　调整位置

步骤 12 用与上述同样的方法，为后面两段建筑视频添加同样的抠图效果，如图5-13所示。

步骤 13 为视频添加合适的背景音乐，如图5-14所示。

图 5-13　添加同样的抠图效果

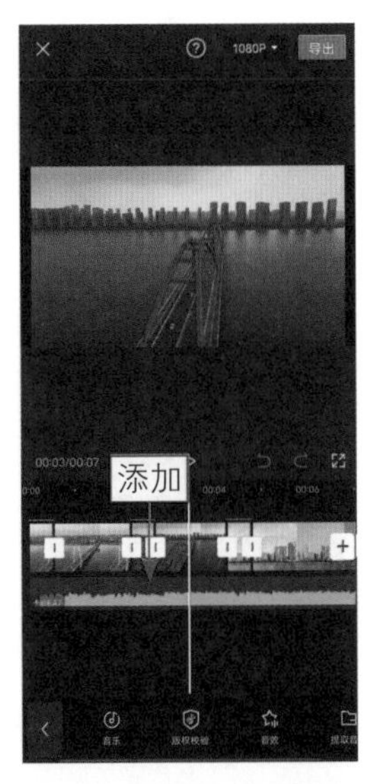

图 5-14　添加合适的背景音乐

039 制作人物一分为三特效

扫码看教程

扫码看成品效果

【效果展示】：在剪映App中运用"智能抠像"功能能制作出一分为三特效，一个人变身为三个人，而且做出的姿势也各不相同，效果如图5-15所示。

图5-15 一分为三特效的效果展示

下面介绍在剪映App中制作一分为三特效的具体操作方法。

步骤 01 在剪映App中导入人物站在中间的第一段视频，❶拖曳时间轴至视频2s人物做出变身姿势左右的位置；❷依次点击"画中画"和"新增画中画"按钮，如图5-16所示。

步骤 02 在"照片视频"页面中添加人物站在右边的视频，如图5-17所示。

图5-16 点击"画中画"按钮

图5-17 添加视频素材

步骤 03 ❶ 调整素材的画面位置；❷ 点击“新增画中画”按钮，如图 5-18 所示。

步骤 04 ❶ 添加人物站左边的视频；❷ 点击“智能抠像”按钮，如图 5-19 所示。

图 5-18　**点击“新增画中画”按钮**

图 5-19　**点击“智能抠像”按钮**

步骤 05 抠出人像，❶选择第一条画中画轨道中人物站在右边的视频；❷点击“智能抠像”按钮，如图5-20所示，继续抠出人像，这样，三个人就合成在一个画面中。

步骤 06 为视频添加合适的背景音乐，如图5-21所示。

图 5-20　**点击“智能抠像”按钮**

图 5-21　**添加合适的背景音乐**

步骤 07 在视频起始位置的主面板中点击“滤镜”按钮，如图5-22所示。

步骤 08 进入“滤镜”面板，❶切换至“影视级”选项卡；❷选择“青橙”滤镜；❸设置“滤镜强度”为70，如图5-23所示。

步骤 09 调整“青橙”滤镜的时长，对齐视频的时长，如图5-24所示，添加滤镜，让视频素材的画面更加美观。

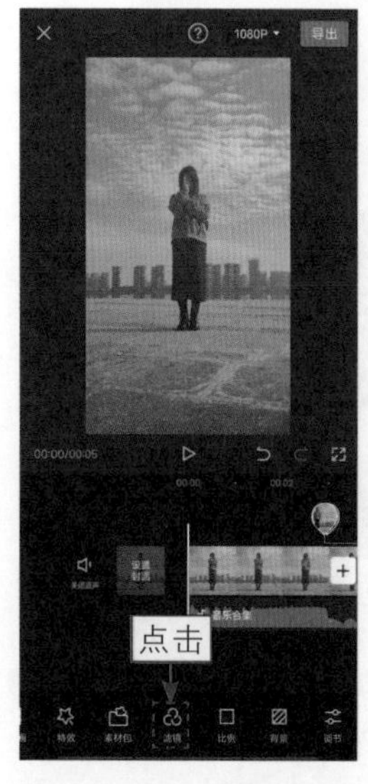

图 5-22 点击“滤镜”按钮

图 5-23 设置参数为 70

图 5-24 调整“青橙”滤镜的时长

040 让照片中的天空动起来

扫码看教程

扫码看成品效果

【效果展示】：照片中的天空一般都是静止的，但后期在剪映App中运用“蒙版”功能可以合成视频天空，让照片中的天空动起来，效果如图5-25所示。

图 5-25 照片天空动起来的效果展示

下面介绍在剪映App中让照片中的天空动起来的具体操作方法。

步骤 01 在剪映App中导入照片素材，设置时长为6.0s，如图5-26所示。

步骤 02 在主面板中点击“画中画”按钮，如图5-27所示。

图 5-26　设置时长为 6.0s

图 5-27　点击“画中画”按钮

步骤 03 导入天空视频，❶调整天空视频的时长，对齐照片的时长；❷调整画面的大小和位置；❸点击“蒙版”按钮，如图5-28所示。

步骤 04 ❶在“蒙版”面板中选择“线性”蒙版；❷调整蒙版的位置，处于天空与地面交界处；❸向下拖曳⩔按钮，如图5-29所示，让天空边缘更加自然。

步骤 05 为视频添加合适的背景音乐，如图5-30所示。

图 5-28　点击“蒙版”按钮

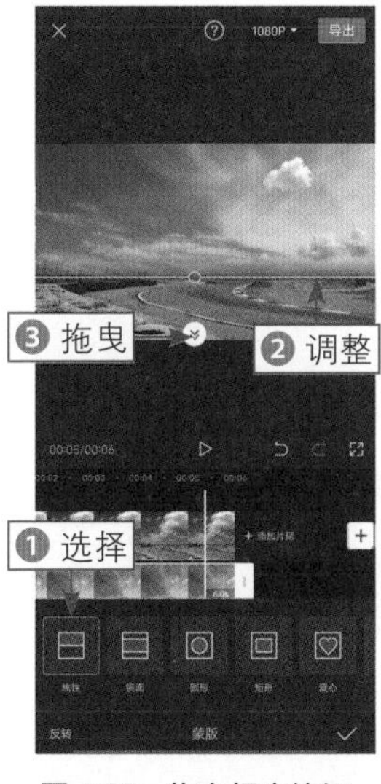

图 5-29　拖曳相应按钮

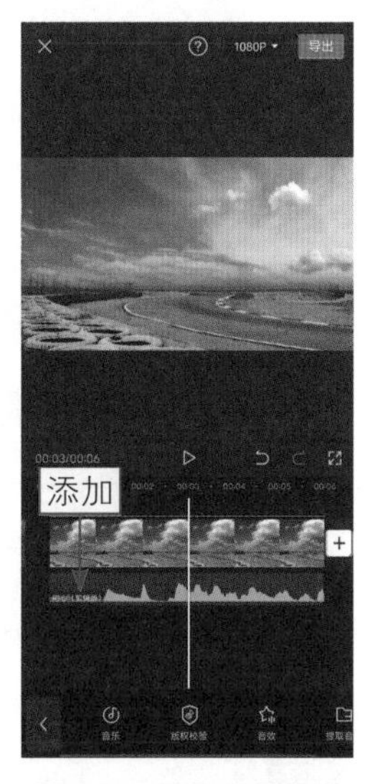

图 5-30　添加背景音乐

041 制作变换季节特效

扫码看教程

扫码看成品效果

【效果展示】：变换季节特效需要用到“智能抠像”功能，并且需要添加“变秋天”和“大雪纷飞”特效，使人物在几秒的时间内历经几个季节的变换，画面十分唯美，效果如图 5-31 所示。

图 5-31 变换季节特效的效果展示

下面介绍在剪映App中制作变换季节特效的具体操作方法。

步骤 01 在剪映App中导入素材，在视频4s左右的位置分割视频，❶选择分割后的第二段素材；❷点击“复制”按钮，如图5-32所示。

步骤 02 ❶选择第二段素材；❷点击“切画中画”按钮，如图5-33所示，把素材切换至画中画轨道中。

图 5-32 点击“复制”按钮

图 5-33 点击“切画中画”按钮

步骤 03 点击“智能抠像”按钮，如图 5-34 所示，抠出画中画轨道中的人像。

步骤 04 ❶选择视频轨道中的第二段素材；❷点击“滤镜”按钮，如图5-35所示。

步骤 05 ❶切换至“黑白”选项卡；❷选择“默片”滤镜，如图5-36所示。

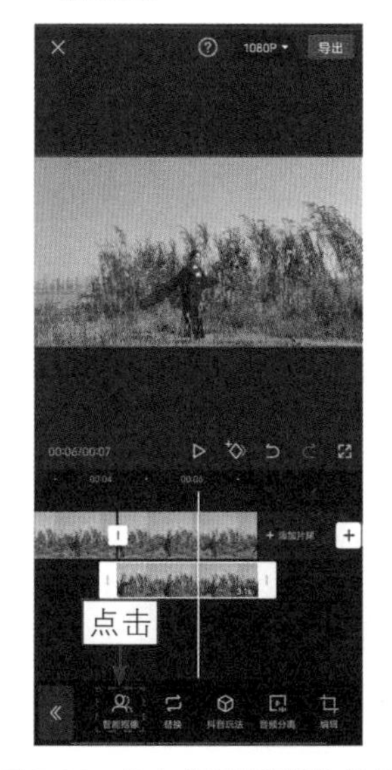

图 5-34　点击“智能抠像”按钮

图 5-35　点击“滤镜”按钮

图 5-36　选择“默片”滤镜

步骤 06 添加滤镜后，回到上一级面板，点击“调节”按钮，如图 5-37 所示。

步骤 07 设置“光感”为17，如图5-38所示，让画面更有下雪的感觉。

步骤 08 ❶ 选择画中画轨道中的素材；❷ 点击“蒙版”按钮，如图 5-39 所示。

图 5-37　点击“调节”按钮

图 5-38　设置“光感”参数为 17

图 5-39　点击“蒙版”按钮

步骤 09 ❶选择“线性”蒙版；❷调整蒙版线的位置，处于草上面的位置；❸拖曳⩔按钮，微微调整羽化，如图5-40所示，使人像左右的草也是白色。

步骤 10 回到主面板，在视频起始位置点击“特效”按钮，如图5-41所示。

图 5-40　拖曳相应的按钮

图 5-41　点击“特效”按钮

步骤 11 继续点击“画面特效”按钮，❶切换至“基础”选项卡；❷选择“变秋天”特效，如图5-42所示。

步骤 12 ❶调整“变秋天”特效的时长，对齐第一段素材的末尾位置；❷在上一级面板中继续点击“画面特效”按钮，如图5-43所示。

图 5-42　选择“变秋天”特效

图 5-43　点击“画面特效”按钮

步骤 13 ❶ 切换至“圣诞”选项卡；❷ 选择“大雪纷飞”特效，如图 5-44 所示。

步骤 14 调整“大雪纷飞”特效的时长，对齐视频的末尾位置，如图5-45所示。添加特效之后，即可制作出变换季节的效果。

步骤 15 为视频添加合适的背景音乐，如图5-46所示。

图 5-44　选择“大雪纷飞”特效

图 5-45　调整特效的时长

图 5-46　添加背景音乐

042　制作人像换脸特效

扫码看教程

扫码看成品效果

【效果展示】：在剪映App中运用“智能抠像”功能和“蒙版”功能就可以制作出换脸特效，让身体换一张脸，效果非常神奇，如图5-47所示。

图 5-47　人像换脸特效的效果展示

下面介绍在剪映App中制作人像换脸特效的具体操作方法。

步骤 01 在剪映App中导入换脸前的视频素材，在素材末尾位置点击“定格”按钮，如图5-48所示。

步骤 02 定格画面之后，点击“画中画”按钮和“新增画中画”按钮，如图5-49所示。

图 5-48　点击“定格”按钮

图 5-49　点击“画中画”按钮

步骤 03 ❶ 添加换脸后的视频素材；❷ 调整定格素材的时长，如图 5-50 所示。

步骤 04 ❶选择画中画轨道中的素材；❷点击“智能抠像”按钮，如图5-51所示，抠出人像。

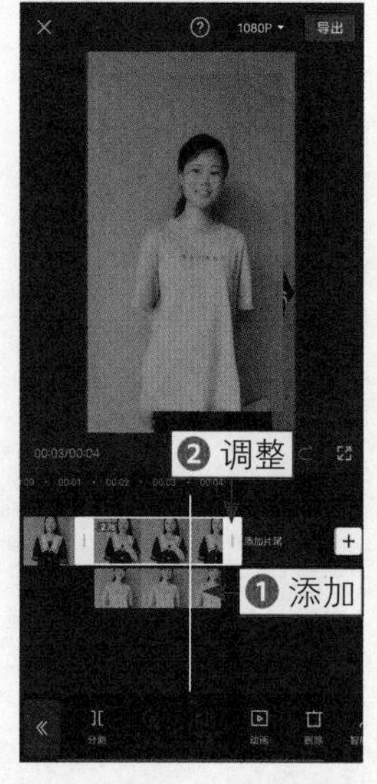

图 5-50　调整定格素材的时长

图 5-51　点击“智能抠像”按钮

步骤 05 点击“蒙版”按钮，如图5-52所示。

步骤 06 ❶选择“圆形”蒙版；❷调整蒙版的大小和位置，如图5-53所示，只露出头部的画面。

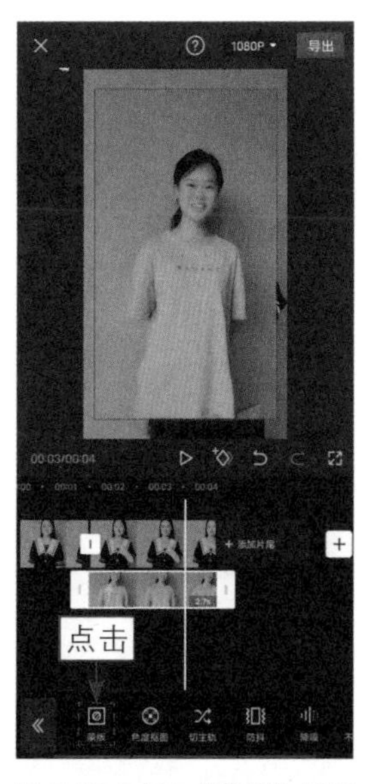

图 5-52　**点击“蒙版”按钮**

图 5-53　**调整蒙版的大小和位置**

步骤 07 调整画中画轨道中人像的位置，覆盖换脸前素材的脸部，如图5-54所示。

步骤 08 回到主面板，在视频起始位置点击“特效”按钮，如图5-55所示。

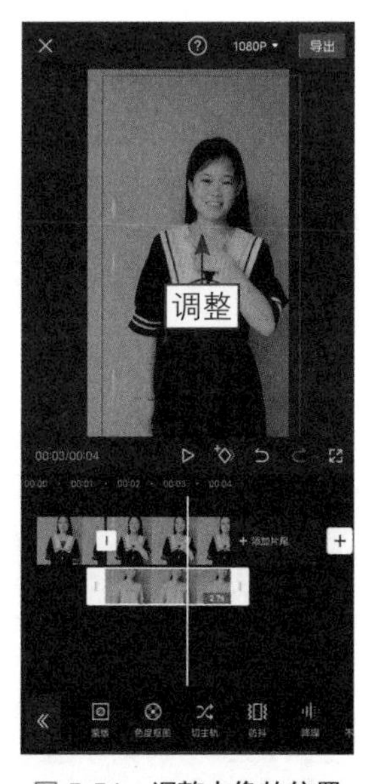

图 5-54　**调整人像的位置**

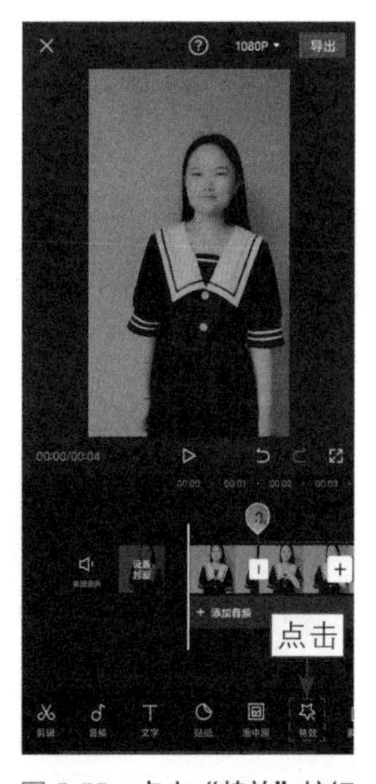

图 5-55　**点击“特效”按钮**

步骤 09 点击“画面特效”按钮，❶切换至“氛围”选项卡；❷选择“魔法变身”特效，如图5-56所示。

步骤 10 ❶调整特效的时长；❷点击“作用对象”按钮，如图5-57所示。

图 5-56　选择“魔法变身”特效

图 5-57　点击“作用对象”按钮

步骤 11 在弹出的面板中选择“全局”选项，如图5-58所示，添加变身特效。

步骤 12 为视频添加“闪闪亮3”和“你别笑”音效，如图5-59所示。

图 5-58　选择“全局”选项

图 5-59　添加音效

043　制作召唤鲸鱼特效

扫码看教程

扫码看成品效果

【效果展示】：召唤鲸鱼特效适合用在天空留白较多的视频中，可以把城市制作出海底世界的奇妙效果，栩栩如生的鲸鱼非常惊艳，效果如图5-60所示。

图 5-60　召唤鲸鱼特效的效果展示

下面介绍在剪映App中制作召唤鲸鱼特效的具体操作方法。

步骤 01 在剪映App中导入背景视频，点击“画中画”按钮，如图5-61所示。

步骤 02 ❶添加鲸鱼绿幕素材；❷点击“色度抠图”按钮，如图5-62所示。

步骤 03 拖曳圆环，在画面中取样绿色色彩，如图5-63所示。

图 5-61　点击“画中画”按钮

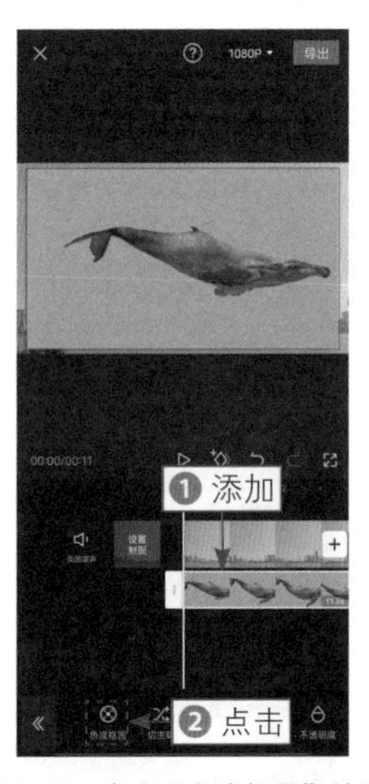

图 5-62　点击“色度抠图”按钮

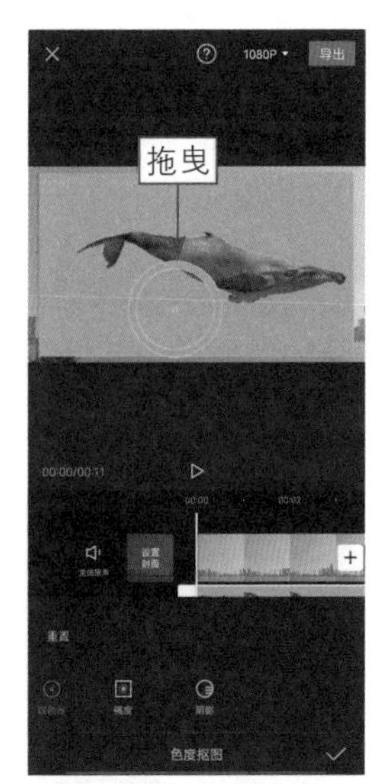

图 5-63　拖曳圆环

步骤 04 设置“强度”为100，如图5-64所示，抠出鲸鱼。

步骤 05 ❶在鲸鱼素材起始位置点击◇，添加关键帧；❷调整鲸鱼的位置，使其处于画面的左边位置，如图5-65所示。

步骤 06 ❶拖曳时间轴至视频的末尾；❷调整鲸鱼的位置，使其处于画面的中间位置，如图5-66所示，制作出鲸鱼从左向右游的效果。

图 5-64　设置“强度”参数

图 5-65　调整鲸鱼的位置（1）　图 5-66　调整鲸鱼的位置（2）

步骤 07 回到上一级面板，点击“新增画中画”按钮，如图5-67所示。

步骤 08 ❶添加海底素材；❷调整海底素材的大小，使其覆盖画面；❸点击“混合模式”按钮，如图5-68所示。

步骤 09 选择“滤色”选项，如图5-69所示，制作出海底世界的效果。

图 5-67　点击“新增画中画”按钮

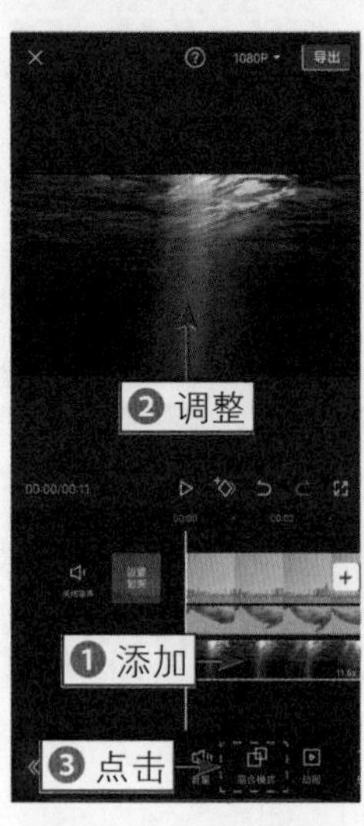

图 5-68　点击相应按钮

图 5-69　选择“滤色”选项

步骤 10 ❶选择背景素材；❷点击“调节”按钮，如图5-70所示。

步骤 11 设置“色温”为-50，如图5-71所示，让背景颜色更蓝。

步骤 12 同理，设置鲸鱼素材的“色温”为-24，如图5-72所示，这样就能制作出海底世界的效果，最后再添加合适的背景音乐即可。

图 5-70　**点击“调节”按钮**

图 5-71　**设置“色温”参数**

图 5-72　**设置相应的参数**

044　制作天空之镜特效

扫码看教程

扫码看成品效果

【效果展示】：运用剪映App中的“智能抠图”和“编辑”功能就能制作出漫步天空之镜的特效，让人在天空中漫步，效果如图5-73所示。

下面介绍在剪映App中制作天空之镜特效的具体操作方法。

步骤 01 ❶在剪映App中导入天空背景素材；❷点击“画中画”按钮，添加人物走路的素材；❸点击“智能抠像”按钮，如图5-74所示，抠出人像。

步骤 02 ❶调整人物素材的大小和位置；❷点击“复制”按钮，如图5-75所示，复制人像素材。

图 5-73　**天空之镜特效的效果展示**

步骤 03 ❶把复制出的人像素材拖曳至第二条画中画轨道中，对齐视频的位置；❷点击“编辑”按钮，如图5-76所示。

图 5-74 点击“智能抠像”按钮

图 5-75 点击“复制”按钮

图 5-76 点击“编辑”按钮

步骤 04 ❶连续点击“旋转”按钮两次；❷点击“镜像”按钮；❸调整两段人像素材的画面位置，使其对称，如图5-77所示。

步骤 05 ❶选择第二条画中画轨道中的素材；❷点击“不透明度”按钮，如图5-78所示。

步骤 06 设置“不透明度”参数为 51，如图 5-79 所示，制作出倒影虚化的效果。

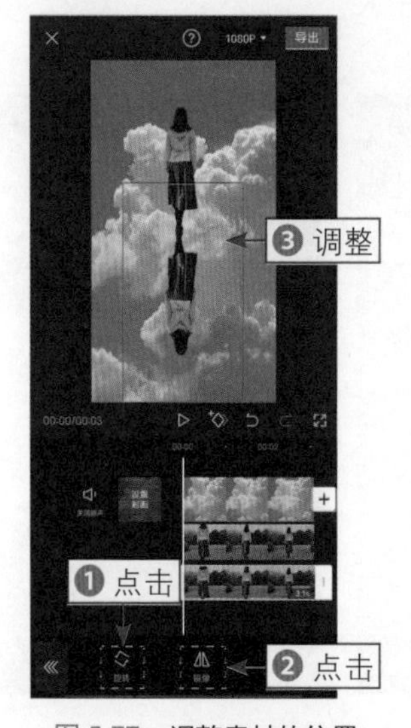

图 5-77 调整素材的位置

图 5-78 点击“不透明度”按钮

图 5-79 设置“不透明度”参数

第6章

8个技巧，制作视频特效

本章要点

在剪映App中有很多特效可以直接添加，因此在制作特效的过程中就变得快捷了，剪映App也新出了很多“抖音玩法”功能，运用这些功能就能做出奇幻又有趣的视频特效。本章主要介绍8种视频特效的制作技巧，主要有动态消息弹窗特效、3D运镜下雪特效和线描变实体等特效，帮助大家掌握制作视频特效的操作技巧。

045 制作动态消息弹窗特效

扫码看教程

扫码看成品效果

【效果展示】：一般的消息弹窗页面都是静止的图片，在剪映App中则可以制作动态的消息弹窗特效，让对话形式更加有趣，效果如图6-1所示。

图6-1 动态消息弹窗特效的效果展示

下面介绍在剪映App中制作动态消息弹窗特效的具体操作方法。

步骤 01 在剪映App中导入背景视频，❶拖曳时间轴至视频1s的位置；❷点击“画中画”按钮，如图6-2所示。

步骤 02 点击“新增画中画”按钮，❶在“照片视频”页面中添加一张人像照片并缩小画面；❷点击“蒙版”按钮，如图6-3所示。

图6-2 点击“画中画”按钮

图6-3 点击“蒙版”按钮

步骤 03 ❶在“蒙版”面板中选择“矩形”蒙版；❷调整蒙版的形状和大

小，制作头像，如图6-4所示。

步骤 04 ❶调整头像的大小和位置，使其处于左上角；❷在主面板中点击“文字”按钮，如图6-5所示。

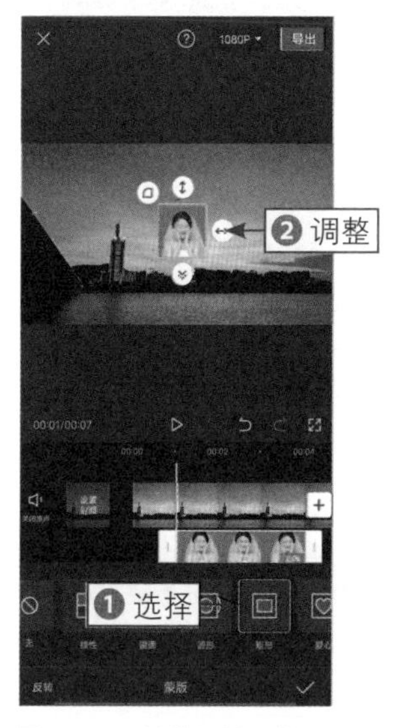

图 6-4　调整蒙版的形状和大小

图 6-5　点击“文字”按钮

步骤 05 在弹出的面板中点击“文字模板”按钮，如图6-6所示。

步骤 06 ❶切换至“弹窗”选项卡；❷选择文字模板；❸更改文字内容并调整其位置，如图6-7所示。

图 6-6　点击“文字模板”按钮

图 6-7　调整文字的位置

步骤 07 用与上述同样的方法，在右下角添加头像和对话文字，如图 6-8 所示。

步骤 08 调整头像素材的时长，如图 6-9 所示。文字的时长也进行同样的设置。

图 6-8　**添加头像和文字**

图 6-9　**调整头像素材的时长**

步骤 09 回到主面板，在视频起始位置点击“音频”按钮，如图6-10所示。

步骤 10 点击“音效”按钮，❶搜索“消息提醒”音效；❷点击“消息提醒音效”右侧的“使用”按钮，如图6-11所示。

步骤 11 复制添加的音效，并拖曳至第二段消息弹窗的位置，如图 6-12 所示。

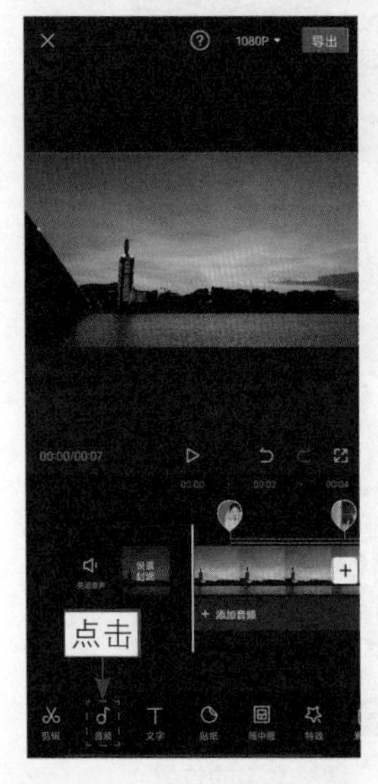

图 6-10　**点击“音频”按钮**

图 6-11　**点击“使用”按钮**

图 6-12　**拖曳至相应的位置**

046　制作3D运镜下雪特效

扫码看教程

扫码看成品效果

【效果展示】：在剪映App中运用“3D运镜”玩法功能制作出3D运镜下雪特效，画面动感又浪漫，很适合用在人像照片中，效果如图6-13所示。

图 6-13　3D 运镜下雪特效的效果展示

下面介绍在剪映App中制作3D运镜下雪特效的具体操作方法。

步骤 01 在剪映App中导入两段一样的人像照片素材，把第一段素材的时长设置为1.7s，如图6-14所示。

步骤 02 通过“音频”面板中的“提取音乐”功能添加背景音乐，如图 6-15 所示。

图 6-14　设置素材的时长

图 6-15　添加背景音乐

步骤 03 ❶选择第二段素材；❷点击“抖音玩法”功能，如图6-16所示。

步骤 04 在“抖音玩法”面板中选择“3D运镜”选项，如图6-17所示。

步骤 05 回到主面板，在视频起始位置依次点击“特效”按钮和“画面特效”按钮，❶切换至“基础”选项卡；❷选择“模糊”特效，如图6-18所示。

图 6-16　点击“抖音玩法”按钮

图 6-17　选择“3D 运镜”选项

图 6-18　选择“模糊”特效

步骤 06 在“模糊”特效的末尾位置继续点击“画面特效”按钮，❶切换至“圣诞”选项卡；❷选择“大雪”特效，如图6-19所示。

步骤 07 调整两段特效的时长，对齐第一段和第二段素材的位置，如图 6-20 所示。

步骤 08 为第一段素材添加一款文字模板，如图6-21所示。

图 6-19　选择“大雪”特效

图 6-20　调整特效的时长

图 6-21　添加文字模板

047　制作线描变实体特效

扫码看教程

扫码看成品效果

【效果展示】：在剪映App中添加“黑白线描”特效之后，可以运用关键帧功能，制作出渐变的效果，让线描画面变成实体画面，效果如图6-22所示。

图 6-22　线描变实体特效的效果展示

下面介绍在剪映App中制作线描变实体特效的具体操作方法。

步骤 01 在剪映App中导入两段一样的视频素材，❶选择第一段素材；❷点击“切画中画”按钮，如图6-23所示，把素材切换至画中画轨道中。

步骤 02 设置画中画轨道中素材的“音量”为 0，即设置静音，如图 6-24 所示。

步骤 03 回到主面板，点击“特效”按钮，如图6-25所示。

图 6-23　点击“切画中画”按钮

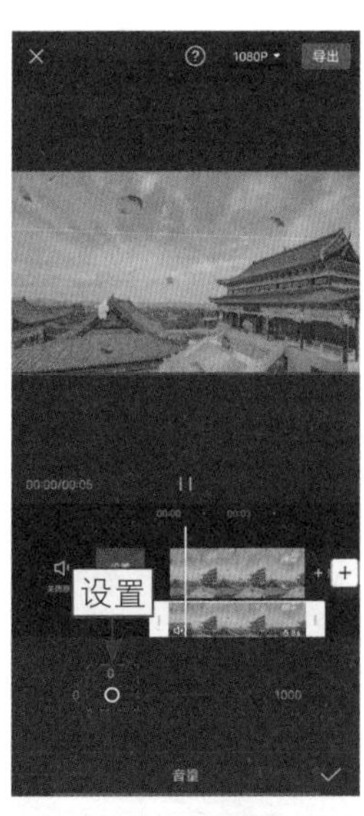

图 6-24　设置静音

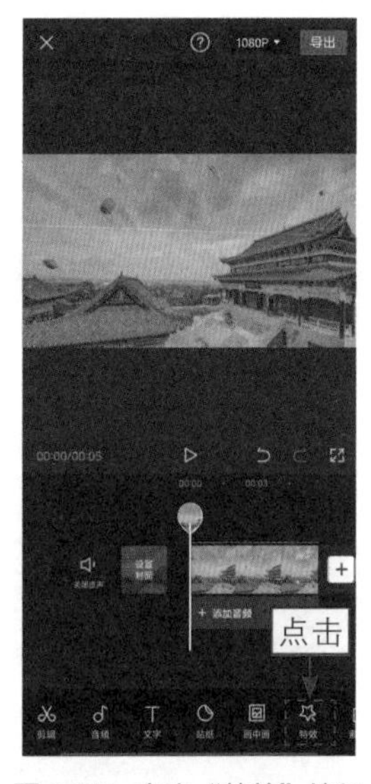

图 6-25　点击“特效”按钮

步骤 04 点击“画面特效”按钮，❶切换至“漫画”选项卡；❷选择“黑白线描”特效，如图6-26所示。

步骤 05 ❶调整特效的时长；❷点击“作用对象”按钮，如图6-27所示。

步骤 06 在“作用对象”面板中选择“画中画”选项，如图6-28所示。

图 6-26　选择“黑白线描”特效

图 6-27　点击“作用对象”按钮

图 6-28　选择“画中画”选项

步骤 07 ❶选择画中画轨道中的素材；❷在素材起始位置点击按钮，添加关键帧，如图6-29所示。

步骤 08 ❶ 拖曳时间轴至 3s 的位置；❷ 点击“不透明度”按钮，如图 6-30 所示。

步骤 09 设置“不透明度”为0，如图6-31所示，制作出线描变实体的效果。

图 6-29　点击相应按钮

图 6-30　点击“不透明度”按钮

图 6-31　设置“不透明度”为 0

048　制作立体相册特效

扫码看教程

扫码看成品效果

【效果展示】：剪映App中的“立体相册”玩法能把画面中的人像单独显示出来，制作出立体的效果，背景则是平面的效果，视频效果如图6-32所示。

图 6-32　立体相册特效的效果展示

下面介绍在剪映App中制作立体相册特效的具体操作方法。

步骤 01 在剪映App中导入视频素材，❶选择素材；❷点击“音频分离”按钮，如图6-33所示，分离音频轨道。

步骤 02 ❶拖曳时间轴至视频3s位置；❷点击“分割”按钮，如图6-34所示，分割视频。

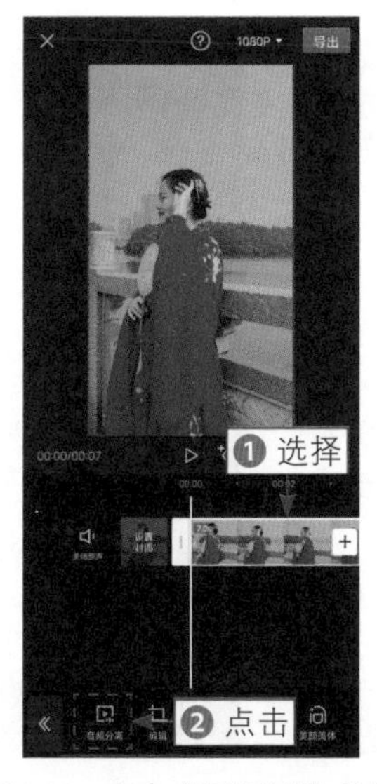

图 6-33　点击“音频分离”按钮

图 6-34　点击“分割”按钮

步骤 03 删除分割后的第二段素材，如图6-35所示。

步骤 04 ❶ 选择剩下的视频；❷ 点击“定格”按钮，如图 6-36 所示，定格画面。

步骤 05 ❶选择定格素材；❷点击“抖音玩法”按钮，如图6-37所示。

图 6-35 删除第二段素材

图 6-36 点击“定格”按钮

图 6-37 点击“抖音玩法”按钮

步骤 06 在“抖音玩法”面板中选择“立体相册”选项，如图6-38所示。

步骤 07 ❶调整定格素材的时长；❷在定格素材的起始位置和下一秒的位置点击按钮，添加关键帧，如图6-39所示。

步骤 08 在两个关键帧中间的位置调整画面的大小和角度，如图6-40所示。

图 6-38 选择“立体相册”选项

图 6-39 添加关键帧

图 6-40 调整画面的大小和角度

步骤 09 ❶选择第一段素材；❷依次点击“动画”按钮和“组合动画”按钮，如图6-41所示。

步骤 10 在“组合动画”面板中选择“右拉镜”动画，如图6-42所示。

图 6-41　点击“动画”按钮

图 6-42　选择“右拉镜”动画

步骤 11 回到主面板，依次点击“特效”按钮和“画面特效”按钮，❶切换至“自然”选项卡；❷选择“花瓣飞扬”特效，如图6-43所示。

步骤 12 调整“花瓣飞扬”特效的位置，对齐素材的末尾位置，如图 6-44 所示。

图 6-43　选择“花瓣飞扬”特效

图 6-44　调整“花瓣飞扬”特效的位置

049 制作召唤闪电特效

扫码看教程

扫码看成品效果

【效果展示】：召唤闪电特效需要留白较多的天空背景视频，通过后期添加闪电特效，制作出召唤闪电的效果，视频效果如图6-45所示。

图 6-45 召唤闪电特效的效果展示

下面介绍在剪映App中制作召唤闪电特效的具体操作方法。

步骤 01 在剪映App中导入视频素材，❶拖曳时间轴至视频1s的位置；❷依次点击“画中画”按钮和“新增画中画”按钮，如图6-46所示。

步骤 02 ❶在“照片视频”页面中添加闪电特效素材；❷点击“混合模式”按钮，如图6-47所示。

图 6-46 点击“画中画”按钮

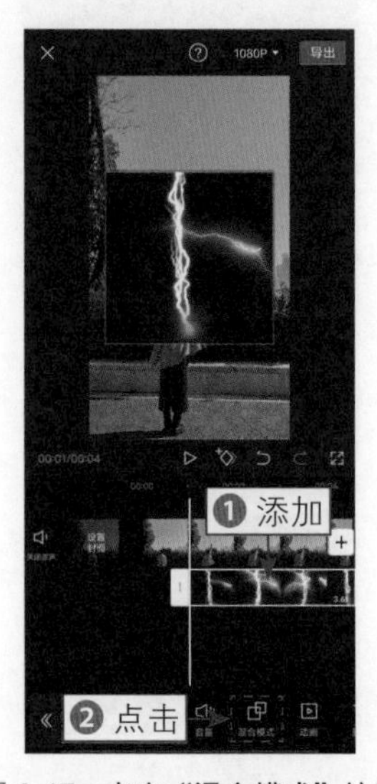

图 6-47 点击“混合模式”按钮

步骤 03 ❶选择“滤色”选项；❷调整闪电的大小和位置，使其处于人物拳头的上方，如图6-48所示。

步骤 04 回到主面板，点击“特效”按钮和“画面特效”按钮，❶切换至“自然”选项卡；❷选择“闪电”特效，如图6-49所示，并调整其时长。

步骤 05 为视频添加合适的背景音乐，如图6-50所示。

图6-48　调整闪电的大小和位置

图6-49　选择“闪电”特效

图6-50　添加背景音乐

050　制作分身拍照特效

扫码看教程

扫码看成品效果

【效果展示】：分身拍照特效是自己给自己拍照，在剪映App中运用“智能抠像”功能就能制作出来，前提要准备好同一个场景画面中的拍照和摆姿势的视频素材，效果如图6-51所示。

图6-51　分身拍照特效的效果展示

下面介绍在剪映App中制作分身拍照特效的具体操作方法。

步骤 01 在剪映App中导入两段视频，❶选择第一段素材；❷点击“切画中画”按钮，如图6-52所示，把第一段素材切换至画中画轨道中。

步骤 02 点击“智能抠像”按钮，如图6-53所示，让两段人像处于同一画面中。

步骤 03 添加合适的背景音乐，如图6-54所示。

图6-52 点击“切画中画”按钮

图6-53 点击“智能抠像”按钮

图6-54 添加背景音乐

051 制作金龙环绕特效

扫码看教程 扫码看成品效果

【效果展示】：制作金龙环绕特效的重点在于把龙环绕在人物的四周，这里需要用到“智能抠像”和“蒙版”功能，才能把效果合成得更加自然，效果如图6-55所示。

图6-55 金龙环绕特效的效果展示

下面介绍在剪映App中制作金龙环绕特效的具体操作方法。

步骤 01 在剪映App中导入两段一样的人像视频素材，点击“画中画”按钮和“新增画中画”按钮，❶在“照片视频”页面中添加金龙特效素材；❷点击“混合模式”按钮，如图6-56所示。

步骤 02 在弹出的面板中选择“滤

色”选项，如图6-57所示，抠出金龙。

步骤 03 ❶选择第一段人像视频素材；❷点击“切画中画”按钮，如图6-58所示，把素材切换至画中画轨道中。

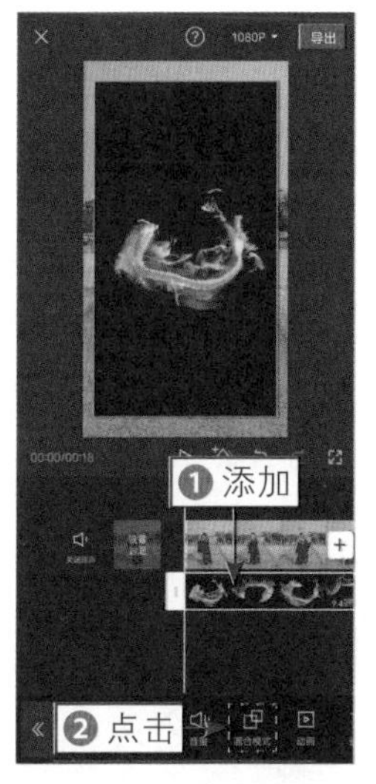

图 6-56　点击“混合模式”按钮

图 6-57　选择“滤色”选项

图 6-58　点击相应按钮

步骤 04 点击“智能抠像”按钮，如图 6-59 所示，把画中画轨道中的人像抠出来。

步骤 05 抠出人像之后，点击“蒙版”按钮，如图6-60所示。

步骤 06 ❶选择“圆形”蒙版；❷调整蒙版的大小和位置，使其处于人像上半身的位置，如图6-61所示，让金龙环绕在人像周围。

图 6-59　点击“智能抠像”按钮

图 6-60　点击“蒙版”按钮

图 6-61　调整蒙版的大小

★ 专家提醒 ★

金龙环绕特效的制作要点在于，运用剪映中的“智能抠像”功能把画中画轨道中的人像抠出来，使人像处于金龙的前面，从而制作出立体环绕的效果。

052 制作裸眼3D特效

扫码看教程

扫码看成品效果

【效果展示】：制作裸眼3D特效，需要在剪映App中添加黑色边框，让人像处于黑色边框的外面，使图片变得立体起来，效果如图6-62所示。

图6-62 裸眼3D特效的效果展示

下面介绍在剪映App中制作裸眼3D特效的具体操作方法。

步骤 01 在剪映App中导入人像视频，依次点击“画中画”按钮和“新增画中画”按钮，❶添加边框图片素材；❷设置素材的时长；❸调整素材的画面大小；❹点击“色度抠图”按钮，如图6-63所示。

步骤 02 拖曳圆环，在画面中取样绿色色彩，如图6-64所示。

步骤 03 设置“强度”和“阴影”为100，如图6-65所示，抠出黑色边框。

步骤 04 ❶选择人像素材；❷拖曳时间轴至视频3s左右的位置；❸点击“分割”按钮，如图6-66

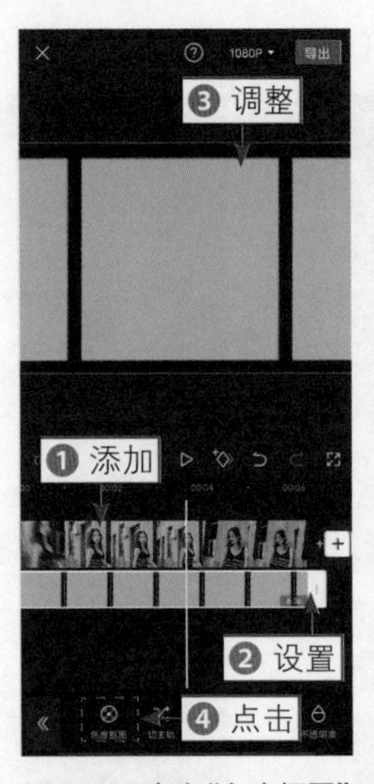

图6-63 点击“色度抠图”按钮

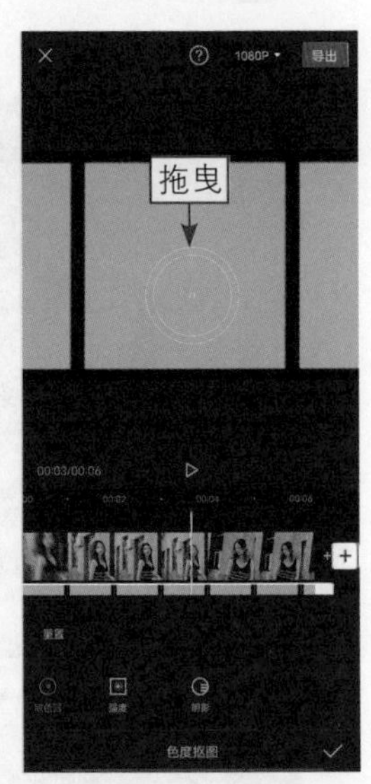

图6-64 拖曳圆环

所示，分割视频。

步骤 05 在往前1s左右的位置继续点击“分割”按钮，如图6-67所示。

图 6-65　设置相关参数

图 6-66　点击“分割”按钮

图 6-67　点击“分割”按钮

步骤 06 分割素材后，❶ 复制中间 1s 左右的视频；❷ 选择复制后的前半段素材；❸ 点击“切画中画”按钮，如图 6-68 所示，把素材切换至第二条画中画轨道中。

步骤 07 点击“智能抠像”按钮，如图6-69所示，抠出人像。

步骤 08 用与上述同样的方法，在视频结尾前 1s 的位置设置同样的效果，并设置第二条画中画轨道中人像素材的“音量”为 0，如图 6-70 所示，使其静音。

图 6-68　点击“切画中画”按钮

图 6-69　点击“智能抠像”按钮

图 6-70　设置“音量”

第7章

9个技巧，玩转影视特效

本章要点

在剪映App中也可以制作常见的影视特效，方法都很简单，简单几步就能让你的视频特效更加出彩。本章介绍的影视特效主要有变身类的特效和古装影视中最常见的几类特效，如《西游记》中孙悟空腾云飞行的特效，还有仙侠片中的御剑特效，教程详细，帮助大家掌握制作方法，玩转影视特效。

053　制作变身钢铁侠特效

【效果展示】：变身钢铁侠特效需要准备一段钢铁侠变身素材，之后通过抠图和人物素材变速的方式合成特效，效果如图7-1所示。

图 7-1　变身钢铁侠特效的效果展示

下面介绍在剪映App中制作变身钢铁侠特效的具体操作方法。

步骤 01 在剪映App中导入人物走路的视频素材和同一场景下的空镜头视频素材，点击“画中画”按钮，如图7-2所示。

步骤 02 点击“新增画中画”按钮，❶在“照片视频”页面中添加钢铁侠绿幕素材；❷点击“色度抠图”按钮，如图7-3所示。

图 7-2　点击“画中画”按钮

图 7-3　点击“色度抠图”按钮

步骤 03 拖曳圆环，在画面中取样绿色色彩，如图7-4所示。

步骤 04 设置“强度”为100，如图7-5所示，抠出钢铁侠。

步骤 05 ❶ 调整钢铁侠的大小和位置，使其处于人像前面的位置；❷ 调整第一段人像素材的时长，使其末尾位置处于要与钢铁侠素材重合的位置，如图 7-6 所示。

图 7-4　拖曳圆环

图 7-5　设置“强度”参数

图 7-6　调整素材的时长

步骤 06 点击“变速”按钮，在“常规变速”选项卡中设置参数为0.6×，如图7-7所示，让人物走路的速度放慢一些。

步骤 07 回到主面板，点击“滤镜”按钮，在“风景”选项卡中选择“绿妍”滤镜，并调整其时长，对齐视频的时长，如图7-8所示，给视频调色。

图 7-7　设置参数为 0.6×

图 7-8　选择滤镜

054　制作帅气接剑特效

扫码看教程

扫码看成品效果

【效果展示】：在做帅气接剑特效之前，需要一张木剑的抠图素材，用Photoshop软件或者手机中的醒图App可以把木剑形状抠出来，制作出帅气接剑特效，效果如图7-9所示。

图 7-9　帅气接剑特效的效果展示

下面介绍在剪映App中制作帅气接剑特效的具体操作方法。

步骤 01 在剪映 App 中导入人物起身拿剑的视频素材，❶ 拖曳时间轴至人物手张开的位置；❷ 点击“分割”按钮，如图 7-10 所示，分割视频。

步骤 02 ❶ 拖曳时间轴至人物手握剑的位置；❷ 点击“分割”按钮，如图 7-11 所示，继续分割视频。

步骤 03 ❶选择第二段素材；❷点击“删除”按钮，如图7-12所示，删除另一个人递剑的片段。

步骤 04 ❶ 拖曳时间轴至人物手张开的位置；❷ 点击“画中画”

图 7-10　点击“分割”按钮（1）

图 7-11　点击“分割”按钮（2）

和“新增画中画”按钮，如图 7-13 所示。

图 7-12　**点击“删除”按钮**

图 7-13　**点击“画中画”按钮**

步骤 05 ❶在“照片视频”页面中添加木剑抠图素材；❷点击按钮添加关键帧；❸调整木剑的角度和位置，使其处于画面的右边，如图7-14所示。

步骤 06 ❶ 拖曳时间轴至视频分割的位置；❷ 调整木剑的大小和位置，使其覆盖手上木剑的位置；❸ 调整木剑素材的时长，对齐视频分割的位置，如图 7-15 所示。

图 7-14　**调整木剑的角度和位置**

图 7-15　**调整木剑素材的时长**

步骤 07 回到主面板，点击“特效”按钮和“画面特效”按钮，❶切换至

“基础”选项卡；❷选择“变清晰”特效，如图7-16所示。

步骤 08 用同样的方法，为剩下的片段添加“动感”选项卡中的“灵魂出窍”特效和“抖动”特效，并调整其时长，如图7-17所示。

步骤 09 为视频添加合适的背景音乐，如图7-18所示。

图 7-16　选择“变清晰”特效

图 7-17　添加特效

图 7-18　添加背景音乐

055　制作变出老虎特效

扫码看教程　　扫码看成品效果

【效果展示】：变出老虎特效的制作方法的核心要点就是把老虎绿幕素材中的老虎抠出来，并添加一些音效和贴纸，效果如图7-19所示。

图 7-19　变出老虎特效的效果展示

下面介绍在剪映App中制作变出老虎特效的具体操作方法。

步骤 01 在剪映App中导入两段视频素材，分别是召唤和假装变出老虎的视频，在两段素材之间的位置点击“画中画”按钮和“新增画中画”按钮，如图7-20所示。

步骤 02 ❶添加老虎绿幕素材；❷点击“色度抠图”按钮，如图7-21所示。

步骤 03 拖曳圆环，在画面中取样绿色色彩，如图7-22所示。

步骤 04 ❶设置“强度”为100；❷调整老虎的位置，如图7-23所示。

图7-20 点击“画中画”按钮

图7-21 点击“色度抠图”按钮

步骤 05 回到主面板，在人物召唤的位置点击“文字”按钮和“添加贴纸”按钮，如图7-24所示。

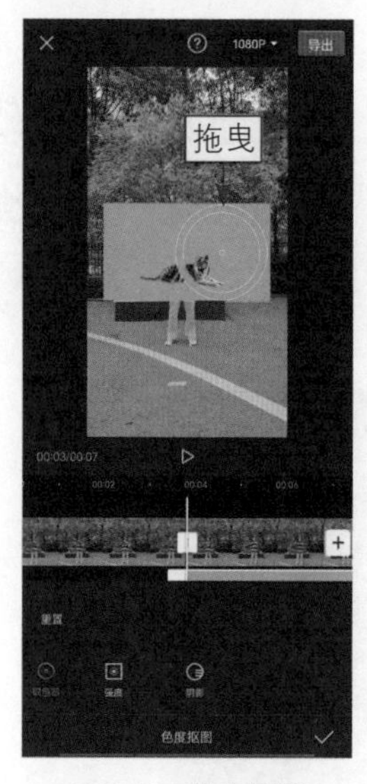

图7-22 拖曳圆环

图7-23 调整老虎的位置

图7-24 点击“添加贴纸”按钮

步骤 06 ❶搜索“烟雾”贴纸；❷选择一款烟雾贴纸，如图7-25所示。

步骤 07 ❶复制该贴纸；❷调整两段贴纸的时长和画面位置，如图7-26所示。

步骤 08 添加“仙尘2”和“道具出现”音效，如图7-27所示。

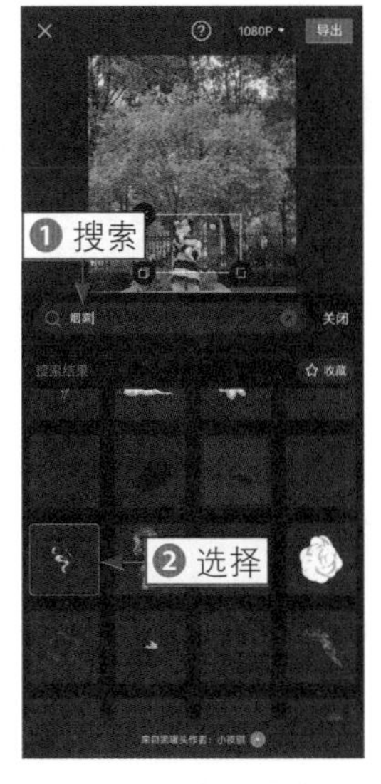

图 7-25　选择烟雾贴纸

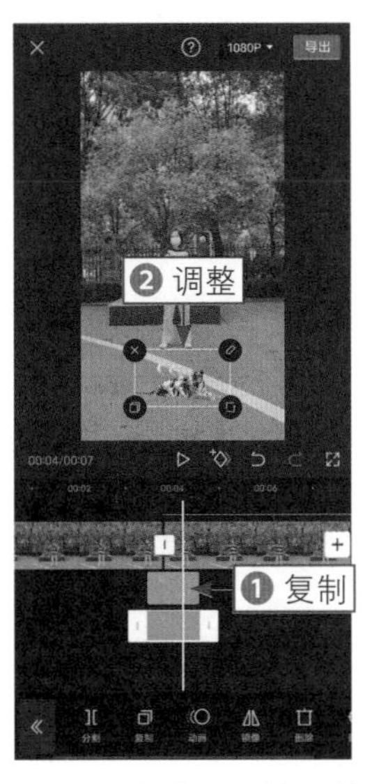

图 7-26　调整贴纸的时长和位置

图 7-27　添加音效

056　制作运剑幻影特效

扫码看教程　扫码看成品效果

【效果展示】：运剑幻影是很多武侠片中较为常见的特效，幻影叠加效果能让主角的功夫招式更加奇幻和具有观赏性，视频效果如图7-28所示。

图 7-28　运剑幻影特效的效果展示

下面介绍在剪映App中制作运剑幻影特效的具体操作方法。

步骤 01 在剪映App中导入五段同样的运剑视频素材，如图7-29所示。

步骤 02 ❶ 选择第一段素材；❷ 点击“切画中画”按钮，如图7-30所示，把素材切换至画中画轨道中。

步骤 03 用与上同样的方法，把剩下的素材切换至画中画轨道中，如图7-31所示。

步骤 04 放大轨道面板，把第一条画中画轨道中的素材往后拖曳，如图7-32所示。

步骤 05 用同样的方法，把剩下的3段素材都往后拖曳一些，❶ 选择第四条画中画轨道中的素材；❷ 点击“不透明度”按钮，如图7-33所示。

图7-29 导入五段素材

图7-30 点击“切画中画”按钮

图7-31 切换视频的轨道

图7-32 拖曳素材

图7-33 点击“不透明度”按钮

步骤 06 设置“不透明度”为20，如图7-34所示。同理，设置第三条画中画轨道中素材的“不透明度”为40，第二条画中画轨道中素材的“不透明度”为60，第一条画中画轨道中素材的“不透明度”为80。

步骤 07 调整画中画轨道中素材的时长，对齐视频轨道的时长，如图7-35所示。

步骤 08 为视频添加合适的背景音乐，如图7-36所示。

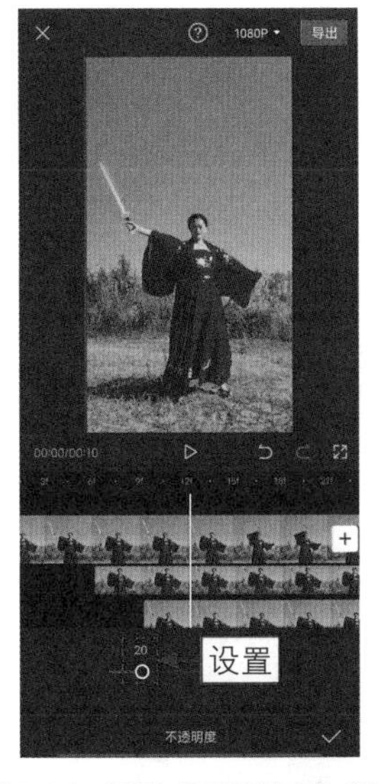

图 7-34　设置“不透明度”参数

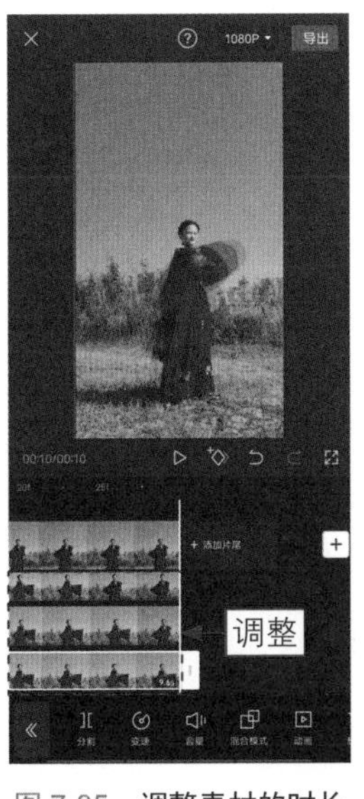

图 7-35　调整素材的时长

图 7-36　添加背景音乐

057　制作御剑飞行特效

扫码看教程

扫码看成品效果

【效果展示】：御剑飞行特效的重点在于拍摄一段人物假装飞行的素材，后期在通过“智能抠像”功能就能轻松制作，视频效果如图7-37所示。

图 7-37　御剑飞行特效的效果展示

下面介绍在剪映App中制作御剑飞行特效的具体操作方法。

步骤 01 在剪映App中导入背景素材，点击“画中画”和“新增画中画”按钮，如图7-38所示。

步骤 02 ❶在“照片视频”页面中添加人物飞行素材；❷点击“智能抠像”按钮，抠出人像；❸调整人像的位置和大小，使其处于剑上方的位置，如图7-39所示。

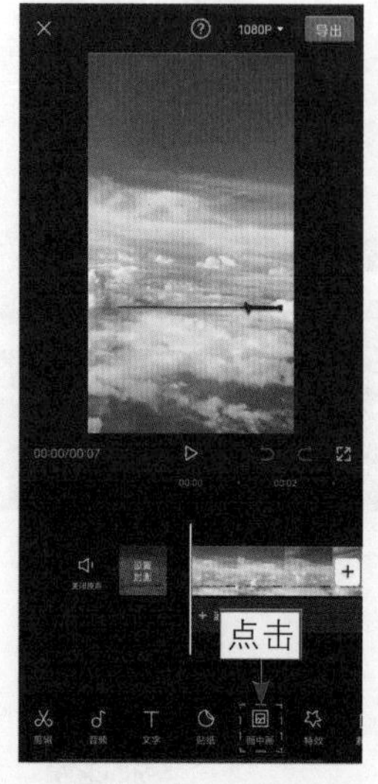

图 7-38 点击“画中画”按钮

图 7-39 点击“智能抠像”按钮

步骤 03 回到上一级面板，点击“新增画中画”按钮，如图7-40所示。

步骤 04 ❶添加凤凰飞行素材；❷点击“混合模式”按钮，如图7-41所示。

图 7-40 点击“新增画中画”按钮

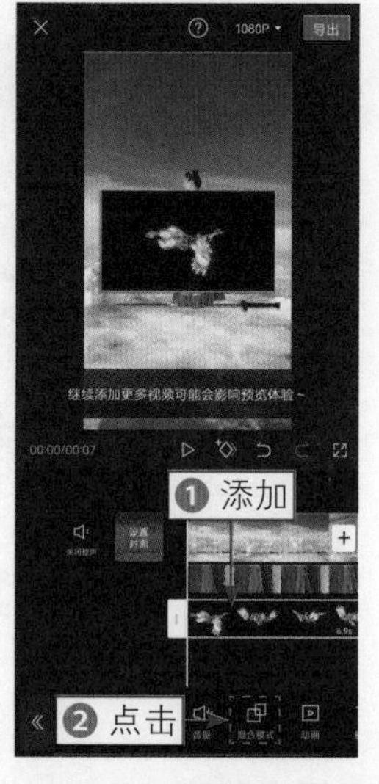

图 7-41 点击“混合模式”按钮

步骤 05 ❶ 选择“滤色”选项，抠出凤凰；❷ 调整凤凰的位置，如图 7-42 所示。

步骤 06 为视频添加合适的背景音乐，如图7-43所示。

图 7-42　调整凤凰的位置

图 7-43　添加背景音乐

058　制作御剑出招特效

扫码看教程　扫码看成品效果

【效果展示】：御剑出招是常见的仙侠特效，剑的特效有实体的，也有虚幻的光剑特效，不管剑是什么样子，人物的动作一定要配合得当，才能合成理想的御剑出招特效，视频效果如图7-44所示。

图 7-44　御剑出招特效的效果展示

下面介绍在剪映App中制作御剑出招特效的具体操作方法。

步骤 01 在剪映App中导入视频素材，点击“画中画”按钮和“新增画中画”按钮，如图7-45所示。

步骤 02 ❶添加光剑特效素材；❷点击“混合模式”按钮，如图7-46所示。

步骤 03 ❶ 选择“滤色”选项；❷ 调整光剑素材的大小和位置，如图 7-47 所示。

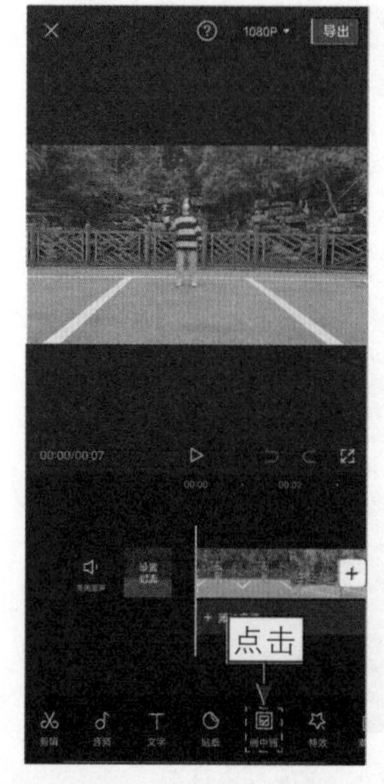

图 7-45　点击“画中画”按钮

图 7-46　点击“混合模式”按钮

图 7-47　调整素材

步骤 04 在人物准备换姿势的位置点击“分割”按钮，如图7-48所示。

步骤 05 分割素材之后，在素材之间设置“拉远”转场，如图7-49所示。

步骤 06 添加合适的背景音乐，如图7-50所示。

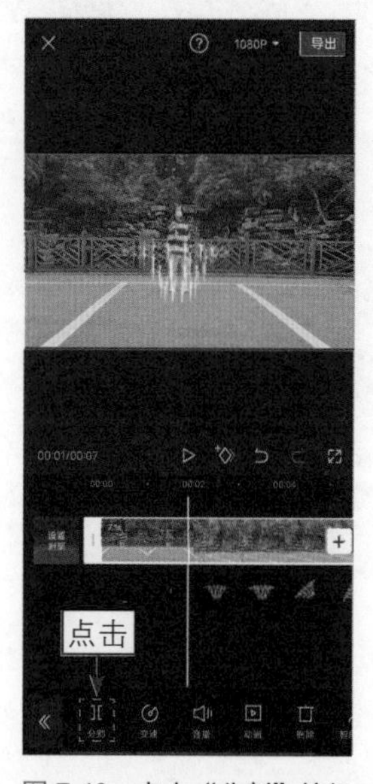

图 7-48　点击“分割”按钮

图 7-49　设置“拉远”转场

图 7-50　添加背景音乐

059　制作腾云飞行特效

扫码看教程

扫码看成品效果

【效果展示】：《西游记》里孙悟空的飞行工具就是筋斗云，制作这个腾云飞行特效最主要的是运用抠图和关键帧合成，效果如图7-51所示。

图7-51　腾云飞行特效的效果展示

下面介绍在剪映App中制作腾云飞行特效的具体操作方法。

步骤 01 在剪映App中导入天空视频素材，点击“画中画”按钮，如图7-52所示。

步骤 02 ❶添加人像素材；❷点击“智能抠像”按钮，如图7-53所示，抠出人像。

步骤 03 回到上一级面板，点击“新增画中画”按钮，❶添加云朵素材；❷点击“混合模式”按钮，如图7-54所示。

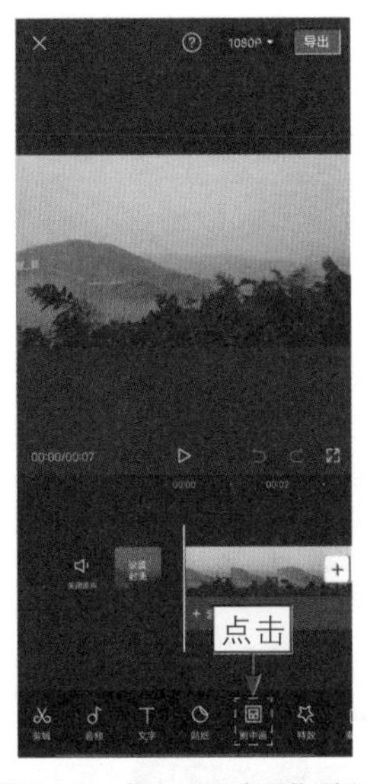

图7-52　点击“画中画”按钮

图7-53　点击“智能抠像”按钮

图7-54　点击相应按钮

步骤 04 在弹出的面板中选择“滤色”选项，如图7-55所示，抠出云朵。

步骤 05 ❶在云朵素材和人像素材的起始位置点击◇按钮添加关键帧；❷调整云朵和人像素材的位置，如图7-56所示。

步骤 06 在视频1s的位置调整云朵和人像的大小和位置，如图7-57所示。

图 7-55　选择“滤色”选项

图 7-56　调整云朵和人像素材的位置

图 7-57　调整素材（1）

步骤 07 用与上同样的方法，每隔1s添加一个关键帧，添加后以逆时针为方向，围绕视频中心，调整人像素材和云朵素材的位置与大小，运动方向是围着中心逆时针变化，如图7-58所示。

步骤 08 添加合适的背景音乐，如图7-59所示。

图 7-58　调整素材（2）

图 7-59　添加背景音乐

060　制作战斗机特效

扫码看教程　扫码看成品效果

【效果展示】：在剪映App中运用"色度抠图"功能就可以制作战斗机特效，这个特效最好在背景简洁的背景视频中制作，效果才更好，效果如图7-60所示。

图7-60　**战斗机特效的效果展示**

下面介绍在剪映App中制作战斗机特效的具体操作方法。

步骤 01 在剪映App中按顺序导入战斗机绿幕素材和背景视频素材，❶选择战斗机素材；❷点击"切画中画"按钮，如图7-61所示。

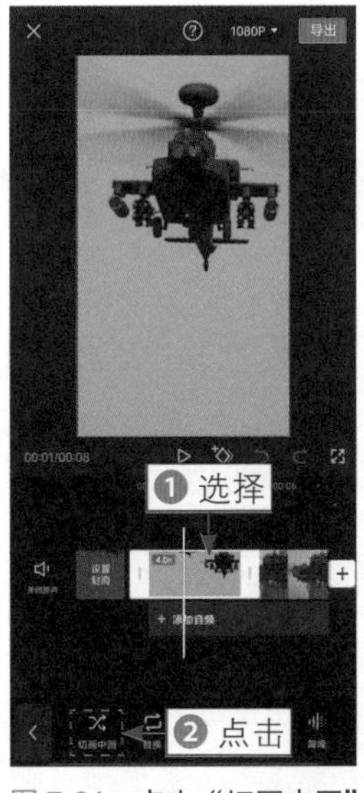

图7-61　**点击"切画中画"按钮**

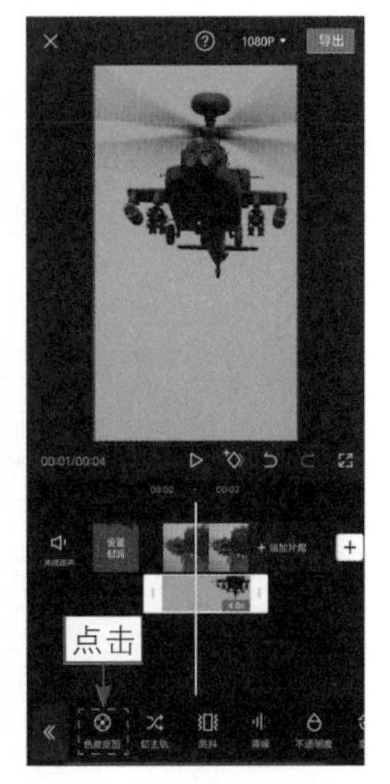

图7-62　**点击"色度抠图"按钮**

步骤 02 把战斗机视频素材切换至画中画轨道中，点击"色度抠图"按钮，如图7-62所示。

步骤 03 拖曳圆环，在画面中取样绿色色彩，如图7-63所示。

步骤 04 设置"强度"和"阴影"为100，如图7-64所示，抠出战斗机。

步骤 05 在战斗机要出场的位

置点击“特效”按钮和“画面特效”按钮，❶切换至“氛围”选项卡；❷选择“玻璃破碎”特效，如图7-65所示，制作出屏幕被击碎的视频效果。

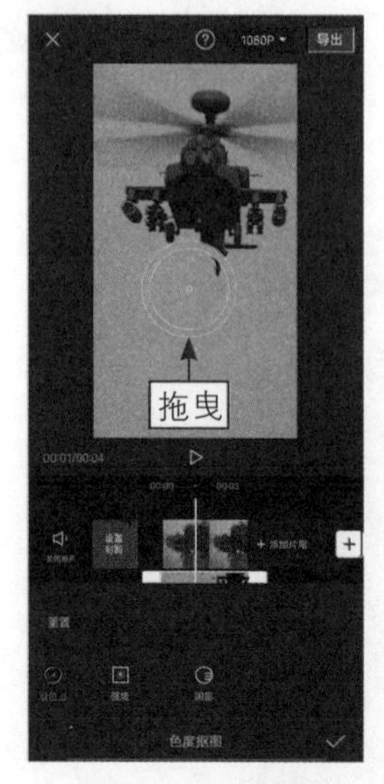

图7-63　拖曳圆环

图7-64　设置相关参数

图7-65　选择“玻璃破碎”特效

061　制作剑气特效

扫码看教程　　扫码看成品效果

【效果展示】：除了前面介绍的制作幻影特效之外，还可以在挥剑时添加一些剑气特效，让功夫看起来更加厉害更具震慑力，效果如图7-66所示。

图7-66　剑气特效的效果展示

下面介绍在剪映App中制作剑气特效的具体操作方法。

步骤 01 在剪映 App 中导入人物挥剑的视频素材，❶ 拖曳时间轴至人物刚好要挥剑的位置；❷ 点击"画中画"按钮，如图 7-67 所示。

步骤 02 在弹出的面板中点击"新增画中画"按钮，如图7-68所示。

步骤 03 ❶在"照片视频"页面中添加剑气素材；❷点击"混合模式"按钮，如图7-69所示。

步骤 04 ❶在弹出的面板中选择"滤色"选项；❷调整剑气素材的大小、角度和位置，如图7-70所示，使其刚好在人物挥剑时出现。

步骤 05 为视频添加合适的背景音乐，如图7-71所示。

图 7-67　点击"画中画"按钮

图 7-68　点击"新增画中画"按钮

图 7-69　点击相应的按钮

图 7-70　调整剑气素材

图 7-71　添加背景音乐

电影调色篇

第8章

13个技巧，渲染高级色调

本章要点

视频中的色彩能影响视频的质感，灰蒙蒙、低饱和的视频画面会让观众兴致大减，而色彩靓丽、画面精美的视频能够获得更多人的关注，因此，给视频调色是视频后期处理中必不可少的一步。本章主要介绍渲染13种高级色调的调色方法，都是非常实用的色调，希望大家能举一反三，从而掌握调色的核心要点。

062　画中画调色换天

扫码看教程　扫码看成品效果

【效果对比】：画中画调色换天需要准备天空视频，把天空视频中的天空换到原视频中，后期再经过调色处理，让换天之后的视频画面更加靓丽，效果对比如图8-1所示。

图 8-1　画中画调色换天的效果对比

下面介绍在剪映App中利用画中画调色换天的具体操作方法。

步骤 01 在剪映App中导入视频素材，❶选择视频素材；❷点击“调节”按钮，如图8-2所示。

步骤 02 进入“调节”面板，❶选择“饱和度”选项；❷拖曳滑块，设置参数为20，如图8-3所示，微微提高画面饱和度。

图 8-2　点击“调节”按钮（1）

图 8-3　设置参数为 20

步骤 03 ❶选择“色温”选项；❷拖曳滑块，设置参数为-25，如图8-4所示，让风景色彩偏蓝色。

步骤 04 ❶选择“色调”选项；❷拖曳滑块，设置参数为-14，如图8-5所示，让蓝色色彩更加自然。

图 8-4　设置参数为 -25

图 8-5　设置参数为 -14

步骤 05 回到主面板，依次点击“画中画”按钮和“新增画中画”按钮，如图8-6所示。

步骤 06 ❶添加天空视频；❷点击“蒙版”按钮，如图8-7所示。

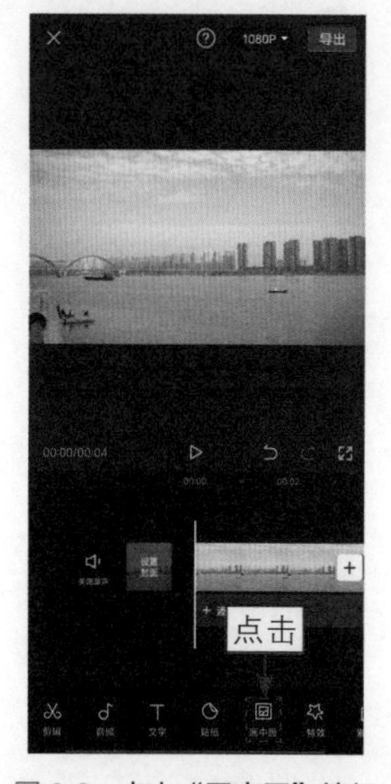

图 8-6　点击“画中画”按钮

图 8-7　点击“蒙版”按钮

步骤 07 ❶选择"线性"蒙版；❷调整蒙版线的位置；❸向下微微拖曳 按钮，如图8-8所示，让边缘过渡更加自然。

步骤 08 调色完成后，❶ 选择天空视频；❷ 点击"调节"按钮，如图 8-9 所示。

图 8-8　拖曳相应的按钮

图 8-9　点击"调节"按钮（2）

步骤 09 进入"调节"面板，❶选择"色温"选项；❷拖曳滑块，设置为-14，如图8-10所示，让天空视频画面偏蓝色。

步骤 10 ❶选择"褪色"选项；❷拖曳滑块，设置为100，如图8-11所示，让天空视频画面与背景画面的色彩融合得更加自然。

图 8-10　设置"色温"参数

图 8-11　设置"褪色"参数

063 暖系日落灯色调

扫码看教程

扫码看成品效果

【效果对比】：暖系日落灯色调主要是用色卡渲染而成的，因此调色方法比较简单，当然最好选择背景比较简洁的素材，这样日落灯的色彩效果才能更加惊艳，效果对比如图8-12所示。

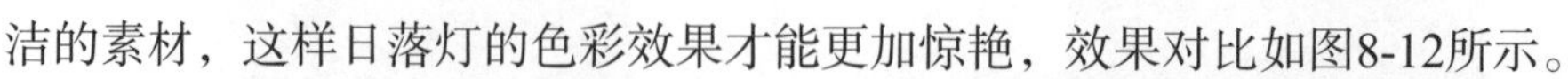

图 8-12 暖系日落灯色调的效果对比

下面介绍在剪映App中调出暖系日落灯色调的具体操作方法。

步骤 01 在剪映App中导入视频素材，❶拖曳时间轴至视频1s左右的位置；❷依次点击“画中画”按钮和“新增画中画”按钮，如图8-13所示。

步骤 02 ❶在“照片视频”页面中添加日落灯照片素材；❷点击“混合模式”按钮，如图8-14所示。

步骤 03 ❶在弹出的面板中选择“正片叠底”选项；❷调整日落灯素材的画面大小和位置，使其盖住人像；❸调整日落灯素材的时长，如图8-15所示。

图 8-13 点击“画中画”按钮

图 8-14 点击“混合模式”按钮

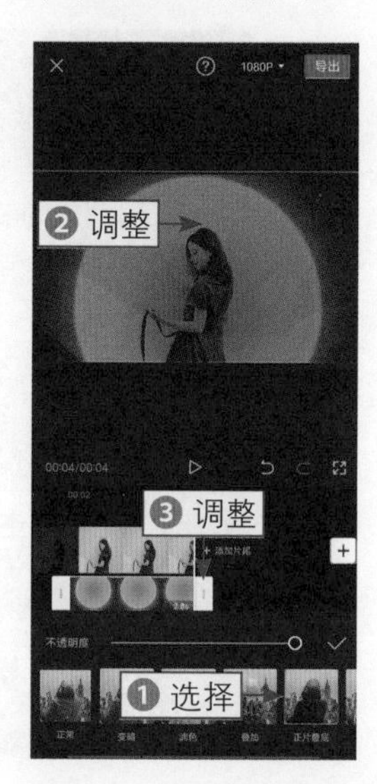

图 8-15 调整素材的时长

064　怀旧复古色调

扫码看教程

扫码看成品效果

【效果对比】：怀旧复古色调的风格是比较偏黄的，主要是为了营造出年代感和历史感，还可以添加“老照片”特效增强怀旧感，效果对比如图8-16所示。

图 8-16　**怀旧复古色调的效果对比**

下面介绍在剪映App中调出怀旧复古色调的具体操作方法。

步骤 01 在剪映App中导入视频素材，❶选择视频素材；❷点击“滤镜”按钮，如图8-17所示。

步骤 02 进入“滤镜”面板，❶切换至“复古”选项卡；❷选择1980滤镜，如图8-18所示，进行初步调色。

图 8-17　**点击“滤镜”按钮**

图 8-18　**选择 1980 滤镜**

步骤 03 回到上一级面板，点击“调节”按钮，进入“调节”面板，设置“饱和度”为14，如图8-19所示，提亮色彩。

步骤 04 设置“色温”为5，如图8-20所示，让画面更黄一些。

步骤 05 设置“色调”为18，如图8-21所示，让黄色色彩更加明显，即可调出复古怀旧色调。

图 8-19 设置“饱和度”参数

图 8-20 设置“色温”参数

图 8-21 设置“色调”参数

065 克莱因蓝色调

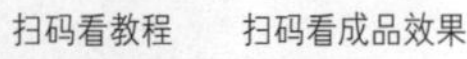

【效果对比】：克莱因蓝是根据艺术家克莱因的名字而命名的蓝色，这种色调的特点就是纯正和极简，视觉冲击感非常强，效果对比如图8-22所示。

图 8-22 克莱因蓝色调的效果对比

下面介绍在剪映App中调出克兰因蓝色调的具体操作方法。

步骤 01 在剪映App中导入视频素材，依次点击“画中画”和“新增画中画”按钮，如图8-23所示。

步骤 02 ❶在“照片视频”页面中添加蓝色照片素材；❷点击“混合模式”

按钮，如图8-24所示。

图8-23 点击“画中画”按钮

图8-24 点击相应按钮

步骤 03 ❶在弹出的面板中选择“正片叠底”选项；❷调整蓝色照片素材的画面大小，使其覆盖视频画面；❸调整蓝色照片素材的时长，如图8-25所示。

步骤 04 回到主面板，在视频起始位置依次点击“文字”按钮和“添加贴纸”按钮，如图8-26所示。

步骤 05 ❶搜索“落日”贴纸；❷选择一款贴纸；❸调整贴纸的大小和位置，如图8-27所示，最后调整贴纸的时长，对齐视频的时长。

图8-25 调整素材的时长

图8-26 点击“添加贴纸”按钮

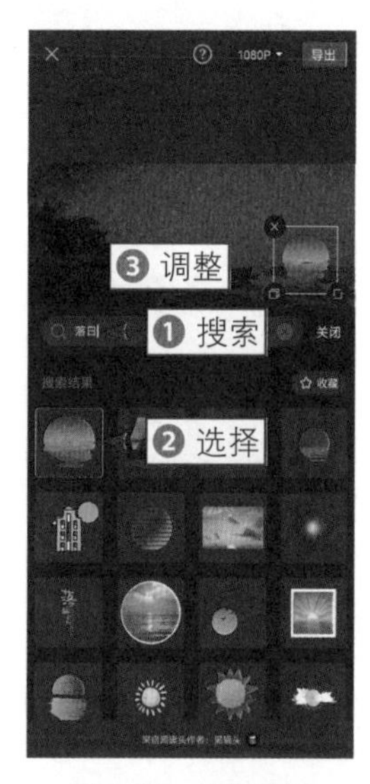

图8-27 调整贴纸

066 季节分割调色

扫码看教程

扫码看成品效果

【效果对比】：季节分割调色是把不同季节色彩的两个视频拼接在一起，让一个视频画面中出现两个季节，画面非常唯美，效果对比如图8-28所示。

图 8-28 季节分割调色的效果对比

下面介绍在剪映App中进行季节分割调色的具体操作方法。

步骤 01 在剪映App中导入视频素材，❶选择视频素材；❷点击“调节”按钮，如图8-29所示。

步骤 02 进入“调节”面板，设置“饱和度”为9、“色温”为50，部分参数如图8-30所示，让树叶颜色偏黄一些，画面更清新一些。

步骤 03 回到主页，依次点击“特效”和“画面特效”按钮，如图 8-31 所示。

图 8-29 点击“调节”按钮

图 8-30 设置部分参数

图 8-31 点击“特效”按钮

步骤 04 ❶切换至“自然”选项卡；❷选择“落叶”特效，制作出秋天的感觉；❸点击“导出”按钮导出素材，如图8-32所示。

步骤 05 继续在剪映 App 中导入原视频素材，❶ 选择视频素材；❷ 点击“滤镜”按钮，如图 8-33 所示。

步骤 06 ❶ 切换至“黑白”选项卡；❷ 选择“默片”滤镜，如图 8-34 所示。

步骤 07 回到上一级面板，点击“调节”按钮进入相应面板，设置“亮度”为20、“光感”为50、“高光”为12，部分参数如图8-35所示，制作下雪的画面。

图 8-32　点击“导出”按钮（1）

图 8-33　点击“滤镜”按钮

步骤 08 回到主页，依次点击“特效”按钮和“画面特效”按钮，❶切换至“圣诞”选项卡；❷选择“雪花细闪”特效，制作出下雪的感觉；❸点击“导出”按钮导出素材，如图8-36所示。

图 8-34　选择“默片”滤镜

图 8-35　设置相关参数

图 8-36　点击“导出”按钮（2）

步骤 09 在剪映App中依次导入冬天视频素材和秋天视频素材，❶选择冬天素材；❷点击“切画中画”按钮，如图8-37所示。

步骤 10 把冬天素材切换至画中画轨道中，点击“蒙版”按钮，如图8-38所示。

步骤 11 ❶选择“线性”蒙版；❷调整蒙版线的角度和位置；❸向右微微拖曳 按钮，如图8-39所示，让边缘过渡更加自然，制作出季节分割的效果。

图 8-37　点击“切画中画”按钮

图 8-38　点击“蒙版”按钮

图 8-39　拖曳相应按钮

067　植物森系色调

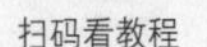
扫码看教程　扫码看成品效果

【效果对比】：森系色调的特点是偏墨绿色，是颜色比较暗的一种绿色，能让视频中的植物看起来更加有质感，效果对比如图8-40所示。

图 8-40　植物森系色调的效果对比

下面介绍在剪映App中调出植物森系色调的具体操作方法。

步骤 01 在剪映App中导入视频，❶选择素材；❷点击“滤镜”按钮，如

图8-41所示。

步骤 02 进入面板，在“精选”选项卡中选择“松果棕”滤镜，如图 8-42 所示。

步骤 03 回到上一级面板，点击“调节”按钮进入相应面板，设置“饱和度”为8、“色温”为–33、“色调”为–50，部分参数如图8-43所示，让绿色更加突出，调出墨绿色调。

图 8-41　**点击“滤镜”按钮**

图 8-42　**选择“松果棕”滤镜**

图 8-43　**设置相关参数**

068　青蓝天空色调

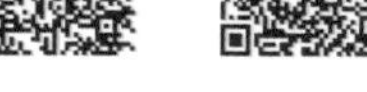

【效果对比】：一般设备拍出来的天空都是比较淡一点的蓝色，而青蓝色色调会让天空看起来更加梦幻和纯粹，效果对比如图8-44所示。

图 8-44　**青蓝天空色调的效果对比**

下面介绍在剪映App中调出青蓝天空色调的具体操作方法。

步骤 01 在剪映 App 中导入视频，❶ 选择素材；❷ 点击“滤镜”按钮，如图 8-45 所示。

步骤 02 进入面板，在“影视级”选项卡中选择“青橙”滤镜，如图 8-46 所示。

步骤 03 回到上一级面板，点击“调节”按钮进入相应面板，设置“饱和度”为8、“色温”为–50、“色调”为20，部分参数如图8-47所示，提高画面色彩，优化柳叶细节，调出青蓝色调。

图 8-45 点击“滤镜”按钮

图 8-46 选择“青橙”滤镜

图 8-47 设置相关参数

069 夕阳粉紫色调

扫码看教程　扫码看成品效果

【效果对比】：粉紫色调非常适合用在夕阳视频中，能让天空看起来特别梦幻，调色要点也是突出粉色和紫色，效果对比如图8-48所示。

图 8-48 夕阳粉紫色调的效果对比

下面介绍在剪映App中调出夕阳粉紫色调的具体操作方法。

步骤 01 在剪映 App 中导入视频，❶ 选择素材；❷ 点击“滤镜”按钮，如图 8-49 所示。

步骤 02 进入面板，在“风景”选项卡中选择“暮色”滤镜，如图 8-50 所示。

步骤 03 回到上一级面板，点击“调节”按钮进入相应面板，设置“对比度”为−7、“饱和度”为20、“色温”为−8、“色调”为17，部分参数如图8-51所示，让视频画面中整体细节看起来更佳，调出粉紫色调。

图 8-49　点击“滤镜”按钮

图 8-50　选择“暮色”滤镜

图 8-51　设置相关参数

070　浓郁青黄色调

扫码看教程　　扫码看成品效果

【效果对比】：浓郁的青黄色调能让平平无奇的风景视频看起来更有诗意，青色的山水与淡黄色的天空相得益彰，突出风景的雅致，效果对比如图8-52所示。

图 8-52　浓郁青黄色调的效果对比

下面介绍在剪映App中调出浓郁青黄色调的具体操作方法。

步骤 01 在剪映App中导入视频，❶选择素材；❷点击“滤镜”按钮，如图8-53所示。

步骤 02 进入面板，在“影视级”选项卡中选择“青黄”滤镜，如图8-54所示。

步骤 03 回到上一级面板，点击“调节”按钮进入相应面板，设置“亮度”为7、“对比度”为12、“饱和度”为9、“色温”为-15、“色调”为8，部分如图8-55所示，让青黄色的风景更加清新。

图8-53 点击“滤镜”按钮

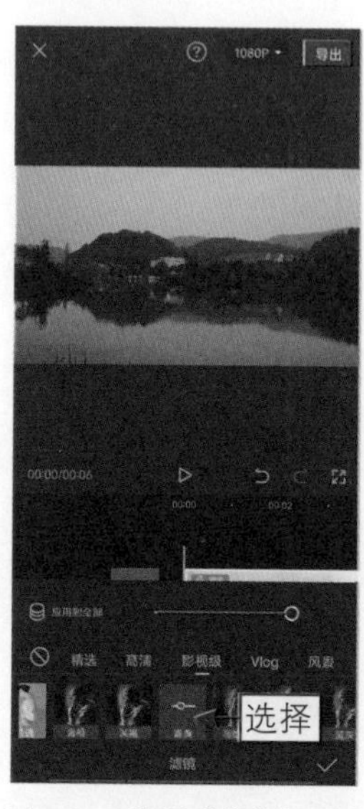

图8-54 选择“青黄”滤镜

图8-55 设置相关参数

071 吸睛深绿色调

扫码看教程

扫码看成品效果

【效果对比】：为了让拍摄的植物看起来更加青翠，可以通过调出深绿色调，让视频主体更加突出，让植物主体更加吸睛，效果对比如图8-56所示。

图8-56 吸睛深绿色调的效果对比

下面介绍在剪映App中调出吸睛深绿色调的具体操作方法。

步骤 01 在剪映 App 中导入视频，❶ 选择素材；❷ 点击“滤镜”按钮，如图 8-57 所示。

步骤 02 进入面板，在“风景”选项卡中选择“绿妍”滤镜，如图 8-58 所示。

步骤 03 回到上一级面板，点击“调节”按钮进入相应面板，设置“亮度”为 –5、“对比度”为 16、“饱和度”为 10、“色温”为 –19、“色调”为 –22，部分参数如图 8-59 所示，提亮植物的色彩，使其更加艳丽。

图 8-57　点击“滤镜”按钮

图 8-58　选择“绿妍”滤镜

图 8-59　设置相关参数

072　靛蓝湖面色调

扫码看教程

扫码看成品效果

【效果对比】：如果天气不好，拍摄出来的湖水颜色一般看起来不是很清澈，后期可以调出靛蓝湖面色调，让湖水更加清澈，效果对比如图8-60所示。

图 8-60　靛蓝湖面色调的效果对比

下面介绍在剪映App中调出靛蓝湖面色调的具体操作方法。

步骤 01 在剪映App中导入视频，❶选择素材；❷点击“滤镜”按钮，如图8-61所示。

步骤 02 进入面板，在“胶片”选项卡中选择KU4滤镜，如图8-62所示。

步骤 03 回到上一级面板，依次点击“特效”和“画面特效”按钮，❶ 切换至“Bling”选项卡；❷ 选择“自然”特效，如图 8-63 所示，给湖面增加细闪的效果，让湖水看起来更加清澈。

图 8-61　点击“滤镜”按钮

图 8-62　选择 KU4 滤镜

图 8-63　选择“自然”特效

073　室外花朵调色

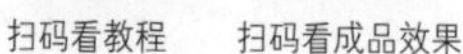

扫码看教程　扫码看成品效果

【效果对比】：室外花朵视频可能会因为曝光和天气的原因，色彩暗淡，只有通过后期调色才能凸显其美，让花朵更迷人，效果对比如图8-64所示。

图 8-64　室外花朵调色的效果对比

下面介绍在剪映App中进行室外花朵调色的具体操作方法。

步骤 01 在剪映App中导入视频，❶选择素材；❷点击“滤镜”按钮，如图8-65所示。

步骤 02 进入面板，❶ 在“高清”选项卡中选择“自然”滤镜；❷ 拖曳滑块，设置滤镜强度为 40，如图 8-66 所示。

步骤 03 回到上一级面板，点击“调节”按钮，进入相应面板，设置“亮度”和“对比度”为 7、“饱和度”为 32、“色温”为 −27、“色调”为 18，如图 8-67 所示，让花朵与叶子的色彩对比更加强烈，突出花朵的美。

图 8-65　**点击“滤镜”按钮**

图 8-66　**设置滤镜强度参数**

图 8-67　**设置相关参数**

074　室内美食调色

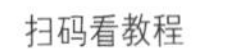

扫码看教程　扫码看成品效果

【效果对比】：美食视频的色调不能太清冷，应提高色彩饱和度，这样才能让食物看起来更加诱人，让人更有食欲，效果对比如图8-68所示。

图 8-68　**室内美食调色的效果对比**

下面介绍在剪映App中进行室内美食调色的具体操作方法。

步骤 01 在剪映 App 中导入视频，❶ 选择素材；❷ 点击“滤镜”按钮，如图 8-69 所示。

步骤 02 进入面板，在“美食”选项卡中选择“赏味”滤镜，如图 8-70 所示。

步骤 03 回到上一级面板，点击“调节”按钮，进入相应面板，设置“亮度”为 −5、“饱和度”为 10，如图 8-71 所示，让食物的色泽更加明亮。

图 8-69　**点击“滤镜”按钮**

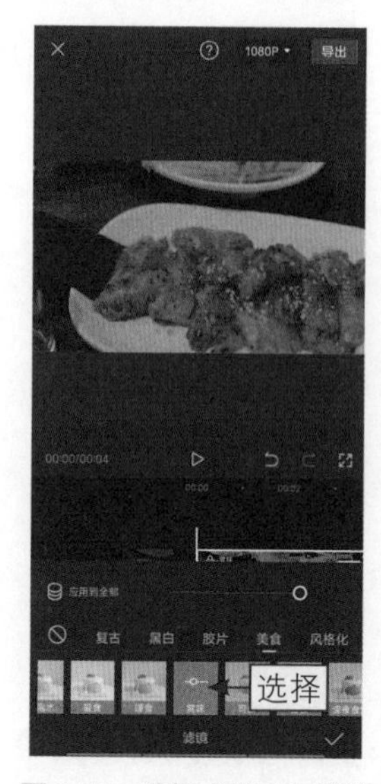

图 8-70　**选择“赏味”滤镜**

图 8-71　**设置相关参数**

第9章

6个技巧，调出电影色调

本章要点

经常看电影的读者可能知道，调色在电影后期制作中起着非常重要的作用，好的色调能让视频更具“电影感”，也能更方便地诠释电影的主题。本章主要介绍6部电影色调的调色方法，帮助大家厘清思路，在自己的视频中也能调出相同的电影色调，让视频更有“电影感”。

075 《布达佩斯大饭店》电影调色

扫码看教程

扫码看成品效果

【效果对比】：电影《布达佩斯大饭店》中的粉色是电影的灵魂，这种粉色没有攻击性，而是温柔的、优雅的，能让观众在观影体验中感到温暖又治愈，效果对比如图9-1所示。

图 9-1 《布达佩斯大饭店》电影调色的效果对比

下面介绍在剪映App中进行调色的具体操作方法。

步骤 01 在剪映 App 中导入电影，❶ 选择素材；❷ 点击“滤镜”按钮，如图 9-2 所示。

步骤 02 进入面板，❶在“风景”选项卡中选择“暮色”滤镜；❷拖曳滑块，设置滤镜强度为70，如图9-3所示，进行初步调色。

步骤 03 回到上一级面板，点击“调节”按钮，进入相应面板，设置“饱和度”为16，如图9-4所示，减淡紫色，突出粉色。

图 9-2 点击“滤镜”按钮

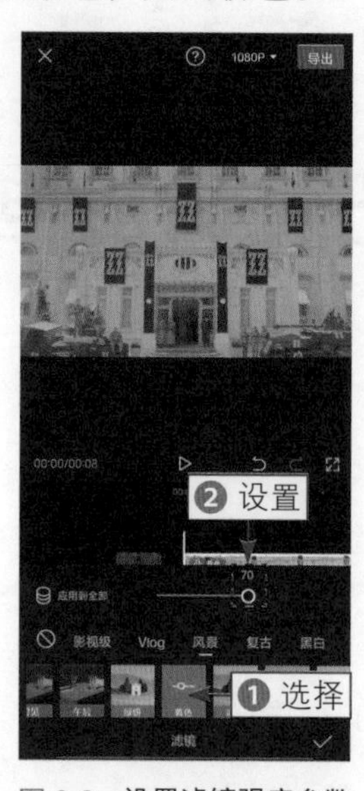

图 9-3 设置滤镜强度参数

图 9-4 设置“饱和度”参数

076　《小森林·夏秋篇》电影调色

扫码看教程

扫码看成品效果

【效果对比】：电影《小森林·夏秋篇》是日本清新电影的一个代表，满屏的绿色调能让观众感受到生活和生命的美好，瞬间被治愈，效果对比如图9-5所示。

图 9-5　《小森林·夏秋篇》电影调色的效果对比

下面介绍在剪映App中进行调色的具体操作方法。

步骤 01 在剪映 App 中导入电影，❶ 选择素材；❷ 点击"调节"按钮，如图 9-6 所示。

步骤 02 进入相应的面板，设置"亮度"为 8，如图 9-7 所示，提高曝光度。

步骤 03 设置"对比度"为15，如图9-8所示，增强画面色彩对比。

图 9-6　点击"调节"按钮

图 9-7　设置"亮度"参数

图 9-8　设置"对比度"参数

步骤 04 设置"饱和度"为8，如图9-9所示，让画面色彩更加浓郁。

步骤 05 设置"色温"为–16，如图9-10所示，让植物变成绿色。

步骤 06 设置“色调”为–17，如图9-11所示，让绿色效果更加自然。

图 9-9　设置“饱和度”参数

图 9-10　设置“色温”参数

图 9-11　设置“色调”参数

077　《海蒂和爷爷》电影调色

扫码看教程　　扫码看成品效果

【效果对比】：电影《海蒂和爷爷》中的瑞士风景非常优美，高山和白云排列得当，就像一幅画卷一般，因此后期调色最好突出视频中风景的美，效果对比如图9-12所示。

图 9-12　《海蒂和爷爷》电影调色的效果对比

下面介绍在剪映App中进行调色的具体操作方法。

步骤 01 在剪映App中导入电影视频素材，❶选择素材；❷点击“滤镜”按钮，如图9-13所示。

步骤 02 进入“滤镜”面板，❶切换至“影视级”选项卡；❷选择“青橙”滤镜；❸设置滤镜强度为50，如图9-14所示，进行初步调色。

图 9-13　**点击"滤镜"按钮**

图 9-14　**设置滤镜强度参数**

步骤 03 回到上一级面板，点击"调节"按钮进入"调节"面板，设置"色温"为−13，如图9-15所示，让画面色彩偏冷色系。

步骤 04 设置"色调"为−6，如图9-16所示，让色彩更自然一些。

步骤 05 设置"光感"为30，如图9-17所示，让画面中的色彩更加清透，突出电影的小清新风格。

图 9-15　**设置"色温"参数**

图 9-16　**设置"色调"参数**

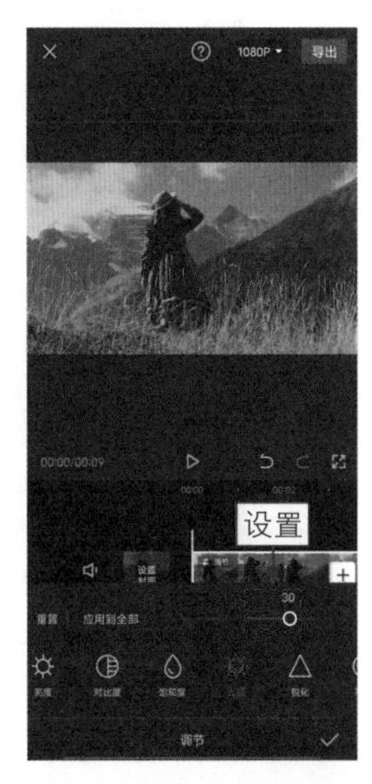

图 9-17　**设置"光感"参数**

078 《天使爱美丽》电影调色

扫码看教程

扫码看成品效果

【效果对比】：电影《天使爱美丽》中的冷暖色对比十分强烈，并且色彩饱和度非常高，观众看完电影之后，印象最深刻的也是其电影色调，效果对比如图9-18所示。

图 9-18 《天使爱美丽》电影调色的效果对比

下面介绍在剪映App中进行调色的具体操作方法。

步骤 01 在剪映App中导入电影视频素材，❶选择视频素材；❷点击“滤镜”按钮，如图9-19所示。

步骤 02 进入“滤镜”面板，❶切换至“复古”选项卡；❷选择HUJI滤镜，如图9-20所示，进行初步调色。

图 9-19 点击“滤镜”按钮

图 9-20 选择 HUJI 滤镜

步骤 03 回到上一级面板，点击“调节”按钮，进入“调节”面板，设置“亮度”为11，如图9-21所示，提亮画面。

步骤 04 设置“对比度”为9，如图9-22所示，增强色彩对比。

步骤 05 设置“色温”为18，如图9-23所示，让画面中的暖色系色彩偏橙色，从而提高画面的整体色彩饱和度。

图 9-21　设置“亮度”参数

图 9-22　设置“对比度”参数

图 9-23　设置“色温”参数

079　《月升王国》电影调色

扫码看教程

扫码看成品效果

【效果对比】：电影《月升王国》除了服装是统一的黄色系，就连各种道具和场景设置都是黄色系的，画面十分特别，这些浓郁的画面，就犹如童话世界一般，效果对比如图9-24所示。

图 9-24　《月升王国》电影调色的效果对比

下面介绍在剪映App中进行调色的具体操作方法。

步骤01 在剪映App中导入电影，❶选择素材；❷点击“调节”按钮，如图9-25所示。

步骤02 进入面板，设置“饱和度”为21，如图9-26所示，提高色彩饱和度。

步骤03 设置“色温”为22，如图9-27所示，让画面中的黄色色彩更加突出。

图9-25 点击“调节”按钮

图9-26 设置“饱和度”参数

图9-27 设置“色温”参数

080 《地雷区》电影调色

扫码看教程

扫码看成品效果

【效果对比】：在电影《地雷区》这部引人反思战争的历史电影中，色调风格是偏灰暗的，整体画面偏青色，十分沉重，因此调色思路是反向调色，效果对比如图9-28所示。

图9-28 《地雷区》电影调色的效果对比

下面介绍在剪映App中进行调色的具体操作方法。

步骤 01 在剪映 App 中导入电影视频素材，❶ 在视频 4s 的位置选择素材；❷ 点击“调节”按钮，如图 9-29 所示。

步骤 02 进入“调节”面板，设置“饱和度”为 –41，如图 9-30 所示，让画面色彩变暗淡一些。

步骤 03 设置“色温”为 –9，如图 9-31 所示，让画面偏青色。

步骤 04 设置“褪色”为 21，如图 9-32 所示，让色彩偏冷色。

步骤 05 设置“光感”为–17，如图9-33所示，让有光的地方变暗一些，从而营造出压抑的氛围。

图 9-29　点击“调节”按钮

图 9-30　设置“饱和度”参数

图 9-31　设置“色温”参数

图 9-32　设置“褪色”参数

图 9-33　设置“光感”参数

片头片尾篇

第 10 章

10个片头，造就独家开场

本章要点

有创意的开场片头能吸引观众继续观看视频，也是视频吸引人的第一步，那么如何做出有特色的片头呢？本章将介绍10个片头技巧，主要有俄罗斯开场片头、立方体文字开场片头、电视节目开场片头和商务年会开场片头等，让用户的选择更加广泛，也能让用户有灵感做出专属于自己的创意片头。

081　俄罗斯方块开场片头

扫码看教程

扫码看成品效果

【效果展示】：俄罗斯方块开场片头顾名思义就是像俄罗斯方块一样，让画面由长方体的形式从屏幕上方慢慢掉下来，然后一步一步地展开所有画面，效果如图10-1所示。

图 10-1　俄罗斯方块开场片头的效果展示

下面介绍在剪映App中制作俄罗斯方块开场片头的具体操作方法。

步骤 01 在剪映App中导入4段同样的视频素材，❶选择第一段素材；❷在素材起始位置点击◇按钮，添加关键帧；❸点击“蒙版”按钮，如图10-2所示。

步骤 02 进入“蒙版”面板，❶选择“矩形”蒙版；❷调整蒙版的形状和位置，使其处于画面的最上方，宽度约为视频的四分之一，如图10-3所示。

图 10-2　点击“蒙版”按钮

图 10-3　调整蒙版（1）

步骤 03 ❶向右拖曳时间轴至视频1s左右的位置；❷调整蒙版的形状和位置，使其处于画面的最下方，长度与视频画面一样长，如图10-4所示。

步骤 04 ❶选择第二段素材；❷点击“切画中画”按钮，如图10-5所示。

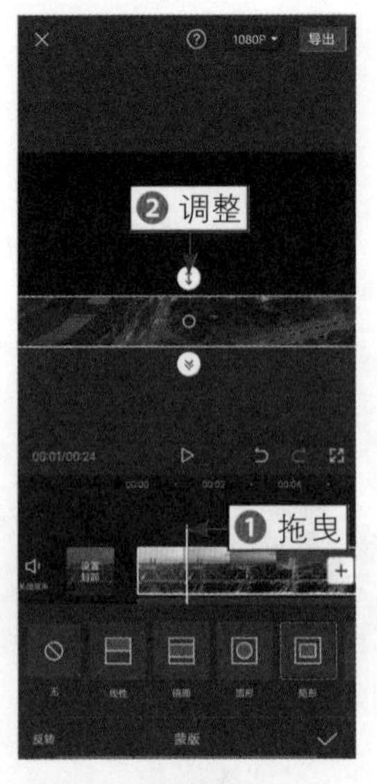

图 10-4 调整蒙版（2）

图 10-5 点击“切画中画”按钮

步骤 05 把素材切换至画中画轨道中，并使其对齐第一段视频素材，❶调整其时长，使其开始位置和视频轨道中第二个关键帧的位置重合；❷在素材起始位置点击◇按钮添加关键帧；❸点击“蒙版”按钮，如图10-6所示。

步骤 06 ❶选择“矩形”蒙版；❷调整蒙版的形状和位置，使其处于画面的最上方，宽度约为视频的四分之一，如图10-7所示。

图 10-6 调整蒙版（3）

图 10-7 调整蒙版（4）

步骤 07 ❶ 向右拖曳时间轴至视频 2s 左右的位置；❷ 调整蒙版的形状和位置，

使其处于画面的下方，长度与视频画面一样，如图 10-8 所示。

步骤 08 用与上述同样的方法，将剩下的两段素材进行同样的处理，如图 10-9 所示。

步骤 09 在最后一个关键帧的位置，依次点击“文字”按钮和“文字模板”按钮，如图 10-10 所示。

步骤 10 ❶ 在“精选”选项卡中，选择一款文字模板；❷ 更改文字内容，如图 10-11 所示，再调整文字的时长。

步骤 11 为视频添加合适的背景音乐，如图10-12所示。

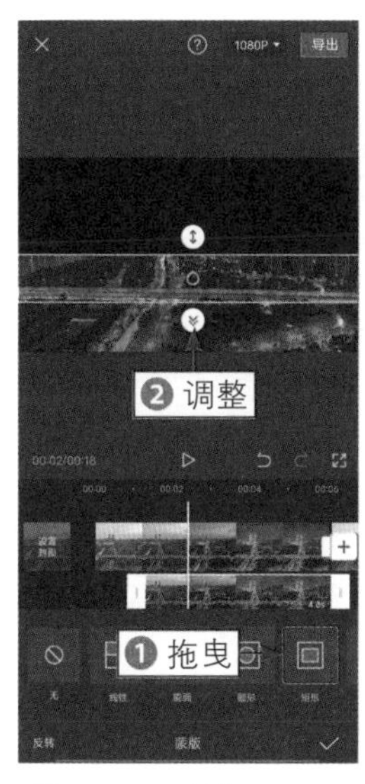

图 10-8　调整蒙版（5）

图 10-9　进行同样的处理

图 10-10　点击“文字”按钮

图 10-11　更改文字内容

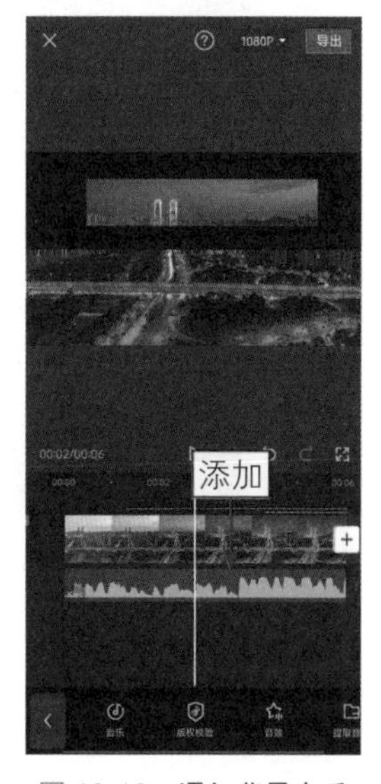

图 10-12　添加背景音乐

082　立方体文字开场片头

扫码看教程

扫码看成品效果

【效果展示】：立方体文字开场片头主要运用剪映App中的“动画”和“关键帧”功能制作而成，让文字以立方体动画的形式慢慢展示出来，效果如图10-13所示。

图 10-13　立方体文字开场片头的效果展示

下面介绍在剪映App中制作立方体文字开场片头的具体操作方法。

步骤 01 打开剪映App，在“素材库”选项卡中添加“黑白场”选项区中的第3款素材，如图10-14所示。

步骤 02 ❶设置素材时长为4s；❷依次点击“背景”和“画布颜色”按钮，如图10-15所示。

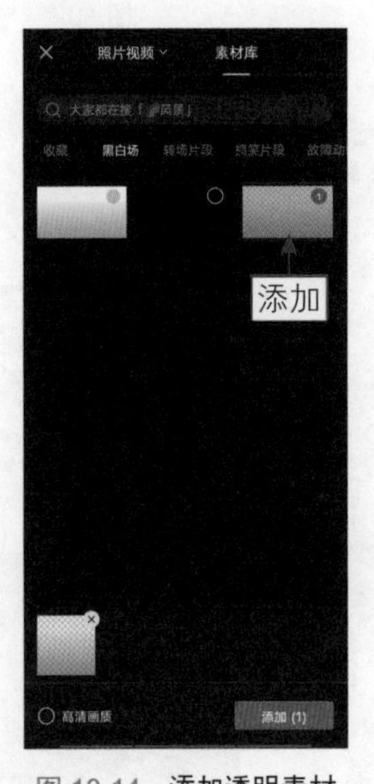

图 10-14　添加透明素材

图 10-15　点击“背景”按钮（1）

步骤 03 在“画布颜色”面板中选择红色色块，设置红色背景，如图10-16所示。

步骤 04 回到主页，依次点击“文字”和“新建文本”按钮，如图 10-17 所示。

步骤 05 ❶输入“尖”字；❷选择字体；❸调整文字的大小和时长；❹点击“导出”按钮导出素材，如图10-18所示。同理，导出“山”字和“湖”字素材。

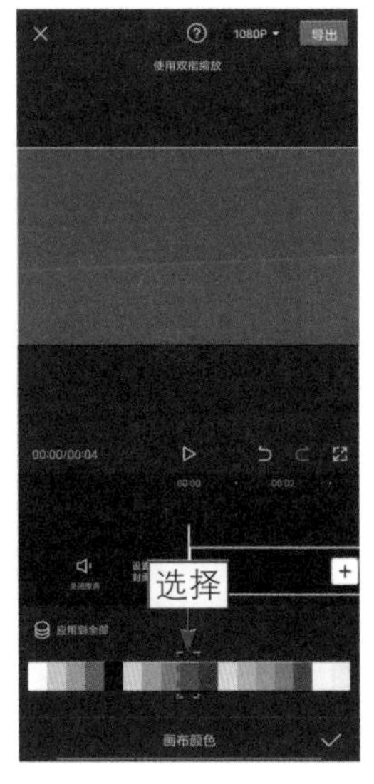

图 10-16　选择红色

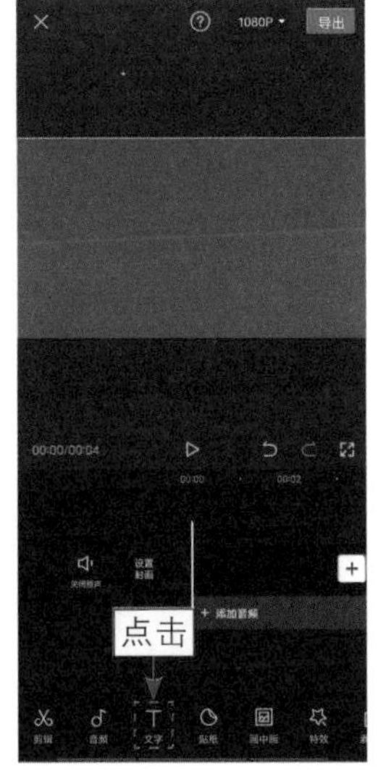

图 10-17　点击“文字”按钮

图 10-18　点击“导出”按钮（1）

步骤 06 在剪映 App 中导入 3 段文字素材，调整其在轨道中的位置，如图 10-19 所示。

步骤 07 ❶选择第一段素材；❷依次点击“动画”和“组合动画”按钮，如图10-20所示。

步骤 08 在弹出的面板中选择“立方体IV”动画，如图10-21所示。剩下的两段素材也设置同样的动画。

图 10-19　调整在轨道中的位置

图 10-20　点击“动画”按钮

图 10-21　选择相应的动画

步骤 09 ❶ 选择“尖”字素材；❷ 在素材起始位置点击按钮，添加关键帧；❸ 调整素材的大小和位置，使其处于画面的左上角，如图10-22所示。

步骤 10 用与上述同样的方法，将剩下的素材放在中间和右上角，如图10-23所示。

步骤 11 ❶拖曳时间轴至视频末尾位置；❷调整3段素材的位置，使其处于画面中间，如图10-24所示。

步骤 12 在主页面依次点击“背景”按钮和“画布颜色”按钮，如图10-25所示。

图10-22 调整素材的大小和位置

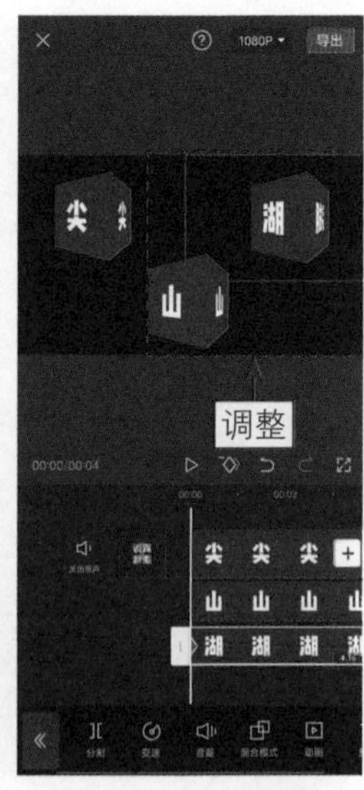

图10-23 调整素材

步骤 13 ❶选择绿色色块；❷点击“导出”按钮导出素材，如图10-26所示。

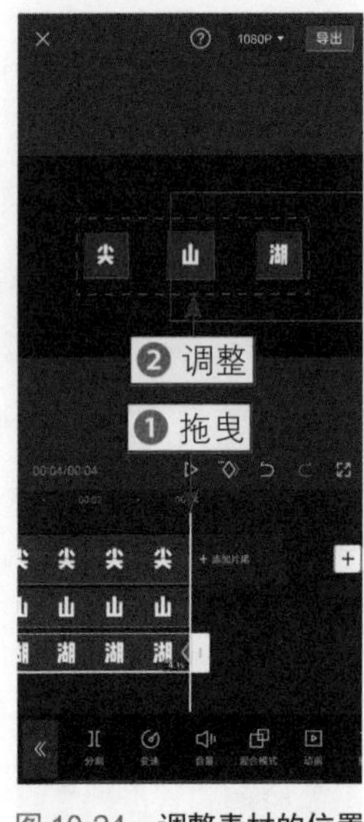

图10-24 调整素材的位置

图10-25 点击“背景”按钮（2）

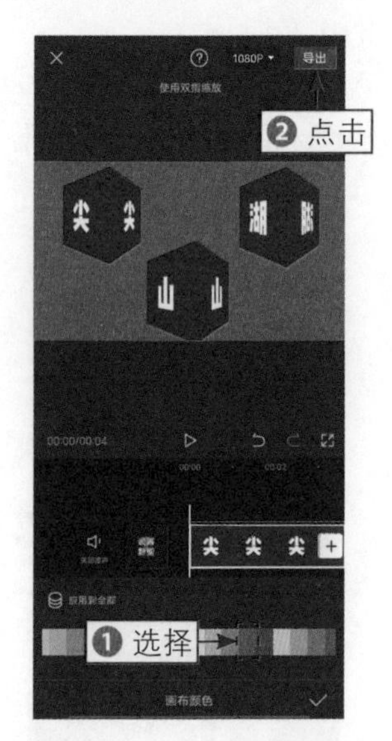

图10-26 点击“导出”按钮（2）

步骤 14 在剪映App中导入背景视频素材，依次点击“画中画”和“新增画中画”按钮，如图10-27所示。

步骤 15 ❶在“照片视频”页面中添加文字素材；❷调整素材的画面大小；

❸点击“色度抠图”按钮，如图10-28所示。

步骤 16 在“色度抠图”面板中拖曳圆环，取样绿色颜色，如图10-29所示。

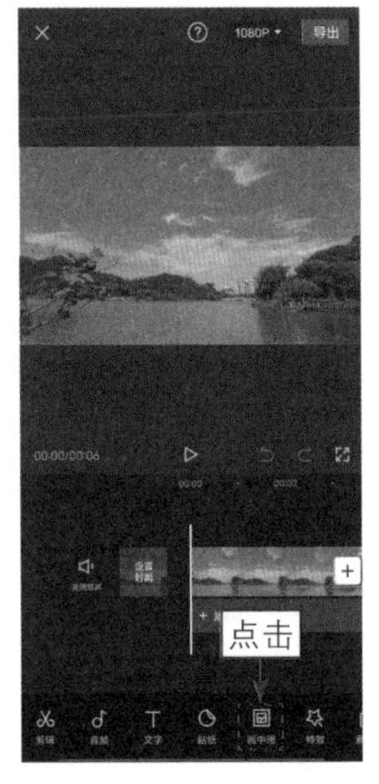

图 10-27　点击相应按钮

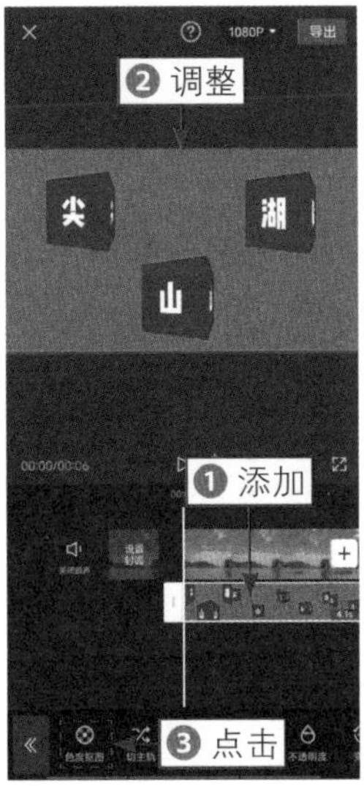

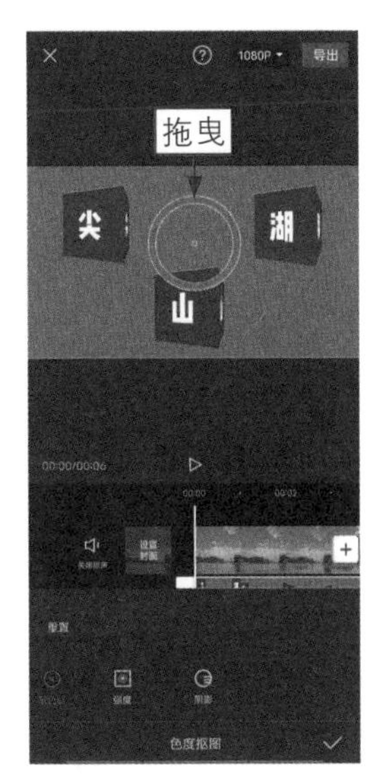

图 10-28　点击“色度抠图”按钮

图 10-29　拖曳圆环

步骤 17 设置“强度”为100，抠出红色的文字，如图10-30所示。

步骤 18 在文字素材的末尾位置，点击“定格”按钮，如图10-31所示。

步骤 19 定格素材之后，调整素材的时长，对齐视频末尾位置，如图 10-32 所示。

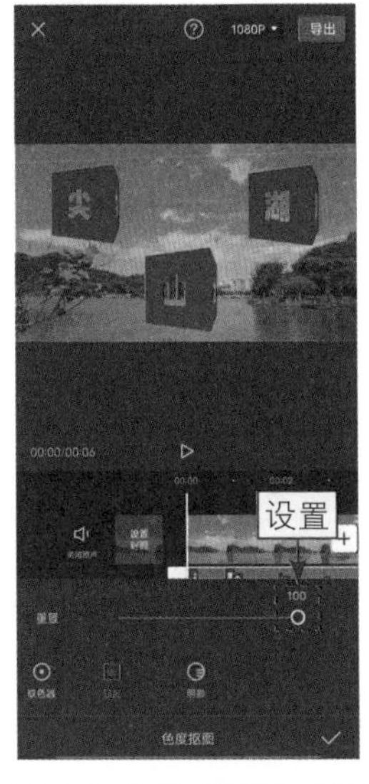

图 10-30　设置“强度”参数为 100

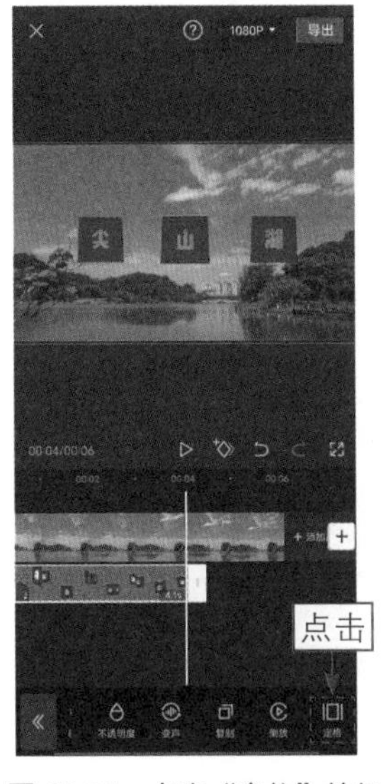

图 10-31　点击“定格”按钮

图 10-32　调整素材的时长

083 电视栏目开场片头

扫码看教程　扫码看成品效果

【效果展示】：电视栏目开场片头风格比较简约，动态效果主要突出文字内容，让观众记住关键内容，效果如图10-33所示。

图 10-33 电视栏目开场片头的效果展示

下面介绍在剪映App中制作电视栏目开场片头的具体操作方法。

步骤 01 在剪映中导入片头素材，在视频4s位置依次点击“文字”和“添加贴纸”按钮，如图10-34所示。

步骤 02 进入相应的面板，❶搜索贴纸；❷选择一款贴纸，如图10-35所示。

步骤 03 ❶调整贴纸的时长；❷调整贴纸的大小和位置，如图10-36所示。

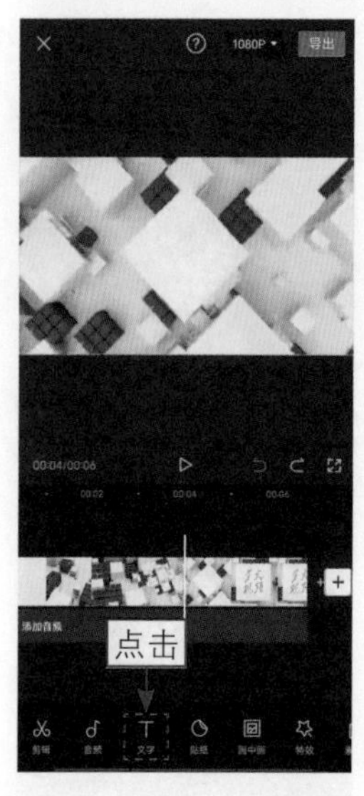

图 10-34 点击“文字”按钮

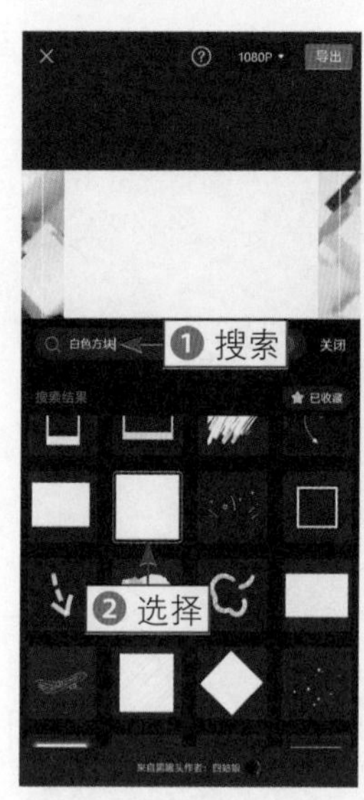

图 10-35 选择贴纸

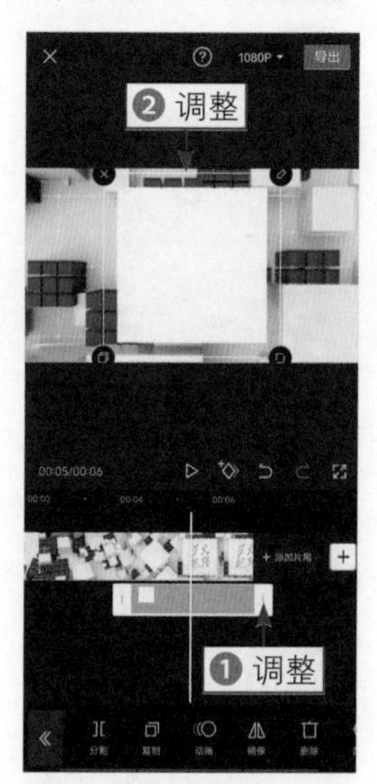

图 10-36 调整贴纸的大小和位置

步骤 04 回到上一级面板，在贴纸素材的起始位置点击“新建文本”按钮，如图10-37所示。

步骤 05 ❶ 输入黑色的文字；❷ 选择字体；❸ 调整文字的大小，如图 10-38 所示。

步骤 06 ❶切换至“动画”选项卡；❷选择“闪动”入场动画；❸设置动画时长为1.0s，如图10-39所示，最后调整文字素材的时长。

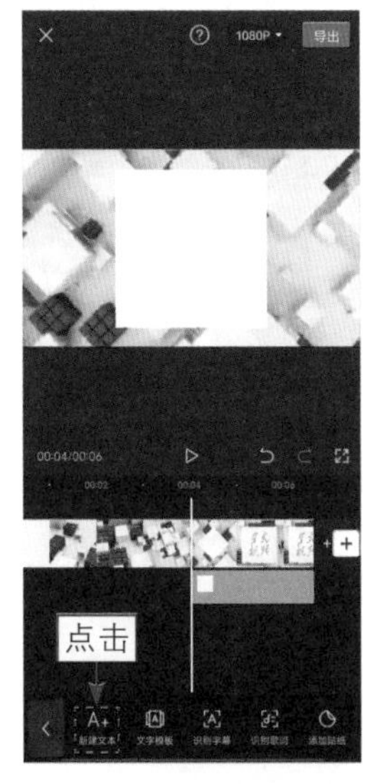

图 10-37　**点击“新建文本”按钮**

图 10-38　**调整文字的大小**

图 10-39　**设置动画时长**

084　商务年会开场片头

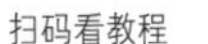
扫码看教程

扫码看成品效果

【效果展示】：商务年会开场片头主要是运用倒计时素材制作而成，而且文字可以改动，非常方便，制作方法也十分简单，效果如图10-40所示。

图 10-40　**商务年会开场片头的效果展示**

下面介绍在剪映App中制作商务年会开场片头的具体操作方法。

步骤 01 在剪映App中导入素材，在视频素材4.8s的位置依次点击“文字”

和“新建文本”按钮，如图10-41所示。

步骤 02 ❶ 输入文字内容；❷ 设置文字颜色，如图 10-42 所示。

步骤 03 ❶ 切换至“阴影”选项区；❷ 选择第五个选项，如图 10-43 所示。

步骤 04 ❶切换至“字体”选项卡；❷选择字体；❸调整文字的大小，如图10-44所示。

步骤 05 ❶ 切换至“动画”选项卡；❷ 选择“弹入”动画；❸ 设置动画时长为1.0s，如图 10-45 所示。

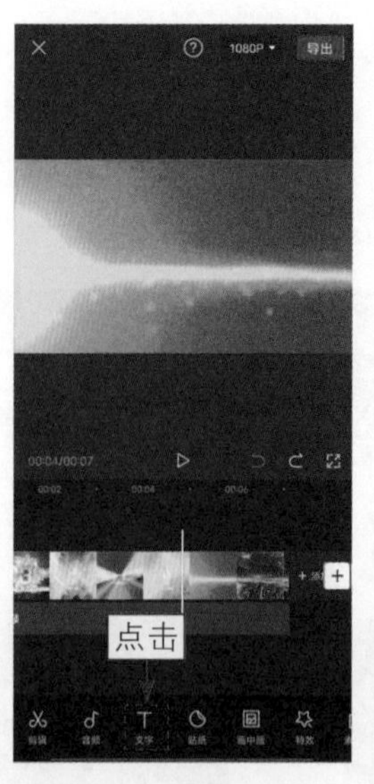

图 10-41　点击“文字”按钮

图 10-42　设置文字颜色

图 10-43　选择第五个选项

图 10-44　调整文字的大小

图 10-45　设置动画时长

085　方块扩散开场片头

扫码看教程

扫码看成品效果

【效果展示】：方块扩散开场片头能让画面像方块一样逐渐显现出来，最后加上合适的文字，就是一个特色片头，效果如图10-46所示。

图 10-46　方块扩散开场片头的效果展示

下面介绍在剪映App中制作方块扩散开场片头的具体操作方法。

步骤 01 在剪映App中导入视频，依次点击“画中画”和“新增画中画”按钮，如图10-47所示。

步骤 02 ❶在“照片视频”页面中添加方块扩散素材；❷点击“混合模式”按钮，如图10-48所示。

图 10-47　点击“画中画”按钮

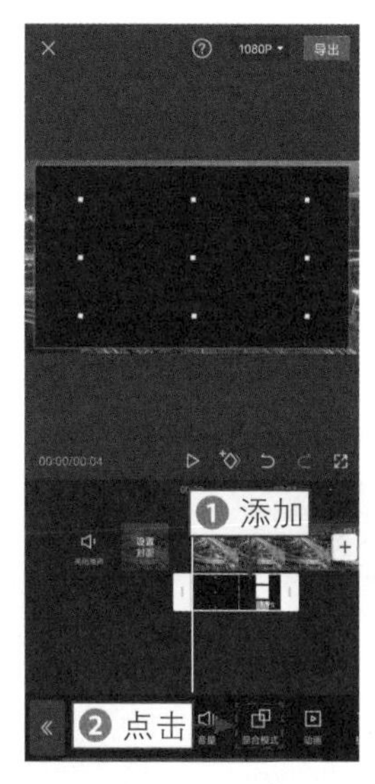

图 10-48　点击“混合模式”按钮

步骤 03 ❶在弹出的面板中选择“正片叠底”选项；❷调整素材的画面大小，如图10-49所示。

步骤 04 回到主面板，在视频2s左右的位置依次点击“文字”按钮和“文字模板”按钮，如图10-50所示。

步骤 05 进入相应的面板，❶ 切换至“标题”选项卡；❷ 选择一款模板；❸ 更改文字内容，如图 10-51 所示。

图 10-49　调整素材的画面大小

图 10-50　点击“文字”按钮

图 10-51　更改文字内容

086　三屏合一开场片头

扫码看教程

扫码看成品效果

【效果展示】：三屏合一开场主要是把3个视频中的画面放在一起展示出来，这3个视频可以是同一个画面，分区显现即可，效果如图10-52所示。

图 10-52　三屏合一开场片头的效果展示

下面介绍在剪映App中制作三屏合一开场片头的具体操作方法。

步骤 01 在剪映App中导入3段一样的视频，❶选择第二段素材；❷点击“切画中画”按钮，如图10-53所示，把素材切换至画中画轨道中。

步骤 02 把两段素材切换至画中画轨道中，并调整时长，每段素材的起始位置间隔为1s左右，如图10-54所示。

步骤 03 ❶选择第一段素材；❷点击“蒙版”按钮，如图10-55所示。

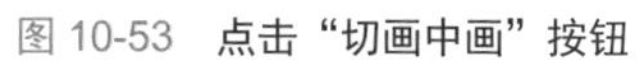

图 10-53　**点击“切画中画”按钮**　　图 10-54　**调整时长**　　图 10-55　**点击“蒙版”按钮**

步骤 04 ❶选择“镜面”蒙版；❷调整蒙版的位置和角度，如图10-56所示。

步骤 05 同理，为剩下的 2 段素材设置同样的蒙版，并调整其位置，如图 10-57 所示。

步骤 06 ❶选择第二条画中画轨道中的素材；❷依次点击“动画”和“入场动画”按钮，如图10-58所示。

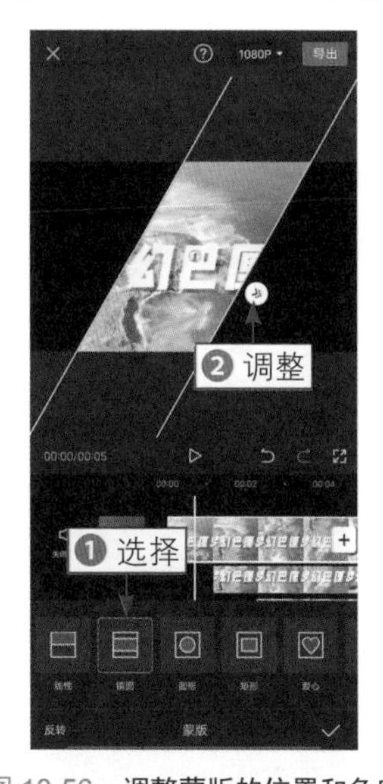

图 10-56　**调整蒙版的位置和角度**　　图 10-57　**设置蒙版**　　图 10-58　**点击“动画”按钮**

步骤 07 选择“左右抖动”动画，如图 10-59 所示。剩下两段素材也设置同样的动画。

步骤 08 回到主面板，在第一条画中画轨道中素材的起始位置依次点击“特效”和“画面特效”按钮，如图10-60所示。

步骤 09 ❶ 切换至“动感”选项卡；❷ 选择“灵魂出窍”特效，如图 10-61 所示。

图 10-59　选择“左右抖动”动画

图 10-60　点击相应按钮

图 10-61　选择“灵魂出窍”特效

步骤 10 ❶调整特效的时长，对齐视频末尾位置；❷点击“作用对象”按钮，如图10-62所示。

步骤 11 在“作用对象”面板中选择“全局”选项，如图10-63所示。

步骤 12 为视频添加合适的背景音乐，如图10-64所示。

图 10-62　点击“作用对象”按钮

图 10-63　选择“全局”选项

图 10-64　添加背景音乐

087　蒙版旋转开场片头

扫码看教程

扫码看成品效果

【效果展示】：蒙版选择开场片头主要是运用剪映App中的“镜面”蒙版，制作出旋转开场的动画，让画面慢慢显现出来，效果如图10-65所示。

图 10-65　**蒙版旋转开场片头的效果展示**

下面介绍在剪映App中制作蒙版旋转开场片头的具体操作方法。

步骤 01 在剪映 App 中导入视频，❶ 在视频起始位置点击按钮，添加关键帧；❷ 点击“蒙版”按钮，如图 10-66 所示。

步骤 02 ❶选择“镜面”蒙版；❷调整蒙版的大小和角度，如图10-67所示。

步骤 03 ❶ 向右微微拖曳时间轴；❷ 调整蒙版的大小和角度，如图 10-68 所示。

图 10-66　**点击“蒙版”按钮**

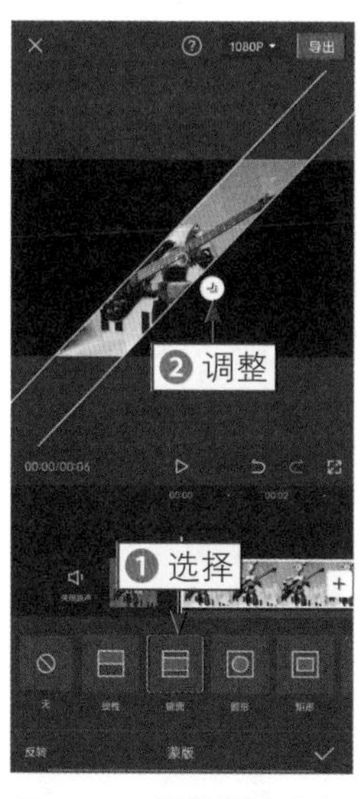

图 10-67　**调整蒙版（1）**

图 10-68　**调整蒙版（2）**

步骤 04 移动时间轴，调整蒙版，在第五个关键帧的位置，把蒙版放大至露出视频全部的画面，如图10-69所示。

步骤 05 在主面板上依次点击“文字”按钮和“文字模板”按钮，如图 10-70 所示。

步骤 06 ❶ 在“精选”选项卡中选择模板；❷ 更改文字内容，如图 10-71 所示。

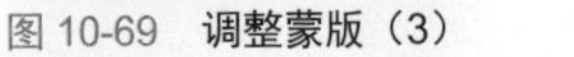
图 10-69 调整蒙版（3）　图 10-70 点击“文字”按钮　图 10-71 更改文字内容

步骤 07 回到主面板，选择素材，依次点击“动画”按钮和“入场动画”按钮，选择“左右抖动”动画，如图10-72所示。

步骤 08 在视频起始位置依次点击“特效”按钮和“画面特效”按钮，在“动感”选项卡中选择“灵魂出窍”特效，如图10-73所示。

步骤 09 调整特效的时长，为2s左右，如图10-74所示。

图 10-72 选择“左右抖动”动画　图 10-73 选择“灵魂出窍”特效　图 10-74 调整特效时长

088　明信片开场片头

扫码看教程

扫码看成品效果

【效果展示】：在剪映App中也能制作明信片风格的视频片头，这种类型的片头，能让视频更加文艺和有特色，效果如图10-75所示。

图10-75　明信片开场片头的效果展示

下面介绍在剪映App中制作明信片开场片头的具体操作方法。

步骤 01 在剪映App中导入视频素材，依次点击"背景"按钮和"画布颜色"按钮，如图10-76所示。

步骤 02 在"画布颜色"面板中选择白色色块，设置白色背景，如图10-77所示。

图10-76　点击"背景"按钮

图10-77　选择白色色块

步骤 03 ❶调整视频的大小，露出白框；❷在视频1s的位置点击◇按钮，添加关键帧；❸点击"蒙版"按钮，如图10-78所示。

步骤 04 ❶ 选择“线性”蒙版；❷ 调整蒙版的位置至画面下方，如图 10-79 所示。

步骤 05 ❶拖曳时间轴至视频3s的位置；❷调整蒙版的位置，露出视频部分画面，如图10-80所示。

步骤 06 在主面板依次点击“文字”按钮和“新建文本”按钮，如图10-81所示。

步骤 07 ❶ 输入黑色文字；❷ 选择合适的字体；❸ 调整文字的大小和位置，如图 10-82 所示。

步骤 08 ❶切换至“动画”选项卡；❷选择“溶解”动画；❸设置动画时长为1.0s，如图10-83所示。

图 10-78 点击“蒙版”按钮

图 10-79 调整蒙版

图 10-80 调整蒙版的位置

图 10-81 点击“文字”按钮

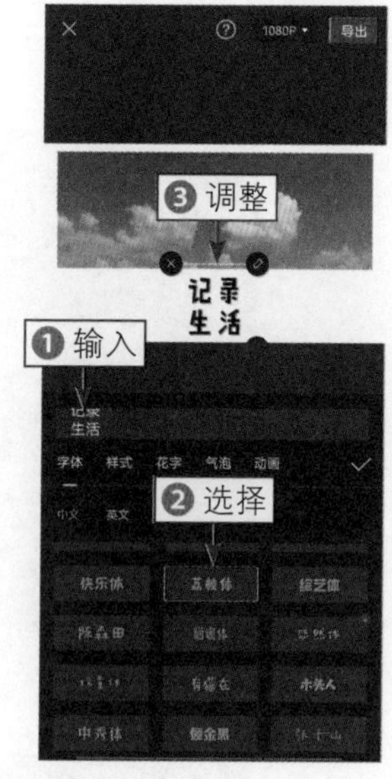

图 10-82 调整文字的大小和位置

步骤 09 微微调整文字的时长，❶选择文字素材；❷点击“复制”按钮，如图10-84所示，复制出两段文字，并调整其轨道位置。

步骤 10 更改两段文字的内容，并调整至合适的位置，如图10-85所示。

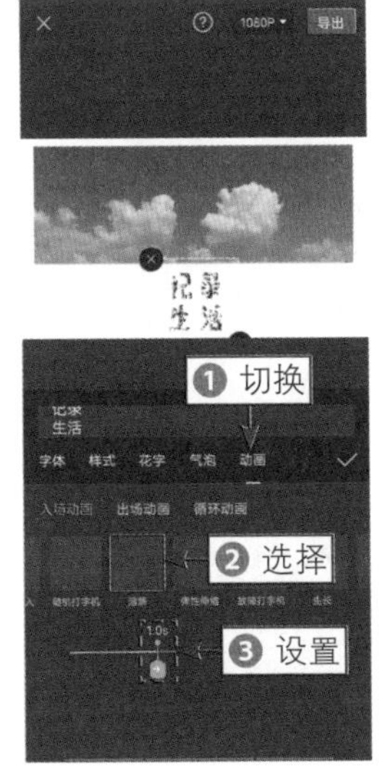

图 10-83　设置动画时长

图 10-84　点击"复制"按钮

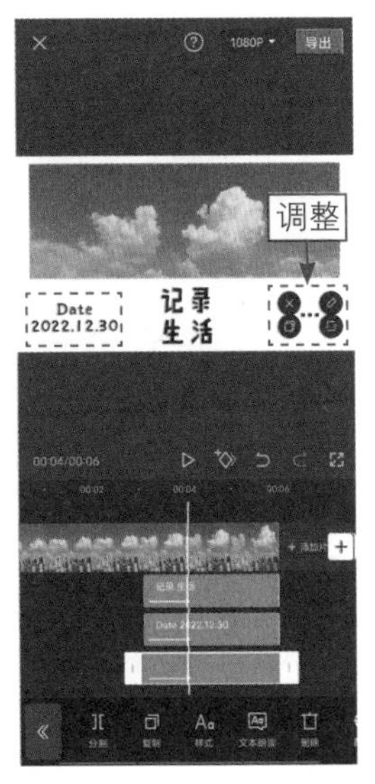

图 10-85　调整文字的位置

089　箭头开场片头

扫码看教程

扫码看成品效果

【效果展示】：箭头开场片头主要是运用箭头素材制作而成的，后续添加合适的文字即可制作片头，效果如图10-86所示。

图 10-86　箭头开场片头的效果展示

下面介绍在剪映App中制作箭头开场片头的具体操作方法。

步骤 01 在剪映App中导入视频，依次点击"画中画"和"新增画中画"按钮，如图10-87所示。

步骤 02 ❶在"照片视频"页面中添加箭头开场素材；❷点击"混合模式"按钮，如图10-88所示。

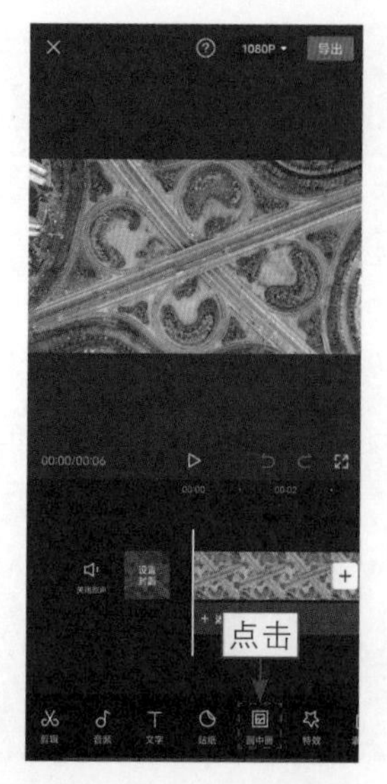

图 10-87　点击“画中画”按钮

图 10-88　点击相应按钮

步骤 03 ❶ 选择“正片叠底”选项；❷ 调整素材的画面大小，如图 10-89 所示。

步骤 04 回到主面板，在箭头素材的末尾位置依次点击“文字”和“文字模板”按钮，如图10-90所示。

步骤 05 ❶ 在“国风”选项卡中选择一款文字模板；❷ 更改文字内容，如图 10-91 所示。

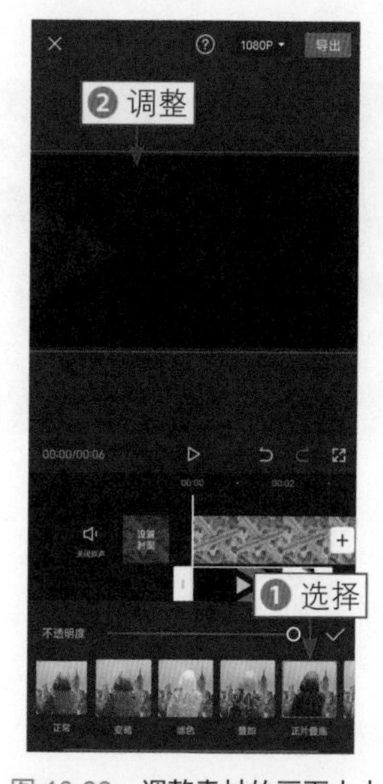

图 10-89　调整素材的画面大小

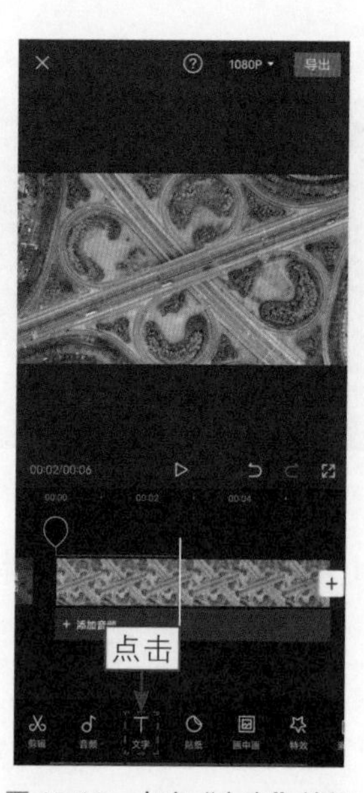

图 10-90　点击“文字”按钮

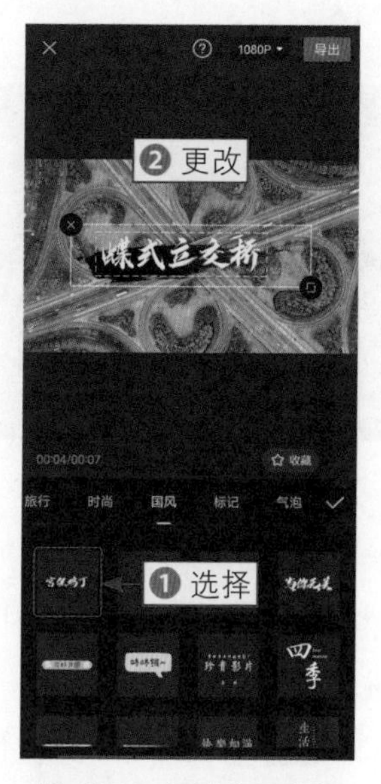

图 10-91　更改文字内容

090　雨刷开场片头

扫码看教程

扫码看成品效果

【效果展示】：雨刷开场片头主要运用剪映App中的“蒙版”功能制作而成，让画面像雨刷刮过一样，继而显示出画面和文字，效果如图10-92所示。

图 10-92　雨刷开场片头的效果展示

下面介绍在剪映App中制作雨刷开场片头的具体操作方法。

步骤 01 在剪映 App 中导入视频，❶ 在视频起始位置点击按钮，添加关键帧；❷ 点击“蒙版”按钮，如图 10-93 所示。

步骤 02 ❶选择“线性”蒙版；❷调整蒙版的角度和位置，如图10-94所示。

步骤 03 ❶拖曳时间轴至视频3s的位置；❷调整蒙版的角度，大约旋转180度，露出全部画面，如图10-95所示。

图 10-93　点击“蒙版”按钮

图 10-94　调整蒙版的角度和位置

图 10-95　调整蒙版的角度

步骤 04 回到主面板，在第二个关键帧的位置依次点击“文字”按钮和“文字模板”按钮，如图10-96所示。

步骤 05 ❶在“圣诞”选项卡中选择一款文字模板；❷更改文字内容，如图10-97所示。

步骤 06 调整文字的时长，对齐视频末尾位置，如图10-98所示。

图 10-96 点击“文字”按钮

图 10-97 更改文字内容

图 10-98 调整文字的时长

第 11 章

7个片尾，让人回味无穷

本章要点

横屏视频、竖屏视频，以及短视频和长视频都少不了片尾，如何制作出让人印象深刻的片尾？有特色的片尾不仅能给观众留下好的印象，还能起到引流的作用。本章主要介绍如何制作竖版滚动字幕片尾、横版滚动字幕片尾和画中画字幕片尾等7种特色片尾，让用户有更多的特色片尾风格可选。

091 竖版滚动字幕片尾

扫码看教程

扫码看成品效果

【效果展示】：竖版滚动字幕片尾是我们在电视作品中经常看到的一种片尾，制作方法也不复杂，学会这款片尾，让你的视频更具影视感，效果如图11-1所示。

图 11-1 竖版滚动字幕片尾的效果展示

下面介绍在剪映App中制作竖版滚动字幕片尾的具体操作方法。

步骤 01 在剪映 App 中导入视频素材，依次点击“文字”按钮和“新建文本”按钮，如图 11-2 所示。

步骤 02 ❶ 输入文字内容；❷ 选择合适的字体；❸ 调整文字的大小和位置，只露出上半段文字内容，如图 11-3 所示。

步骤 03 ❶切换至“样式”选项卡；❷在“描边”选项区中选择第5个样式，如图11-4所示。

步骤 04 ❶ 设置文字时长为9s；❷ 在文字素材起始位置点击 按钮，添加关键帧，如图 11-5 所示。

步骤 05 在文字素材4s的位置点击 按钮，添加关键帧，如图11-6所示。

图 11-2 点击“文字”按钮

图 11-3 调整文字

步骤 06 在文字素材 6s 的位置调整文字的位置，露出下半段文字，如图 11-7 所示。

图 11-4　**选择第 5 个样式**

图 11-5　**添加关键帧（1）**

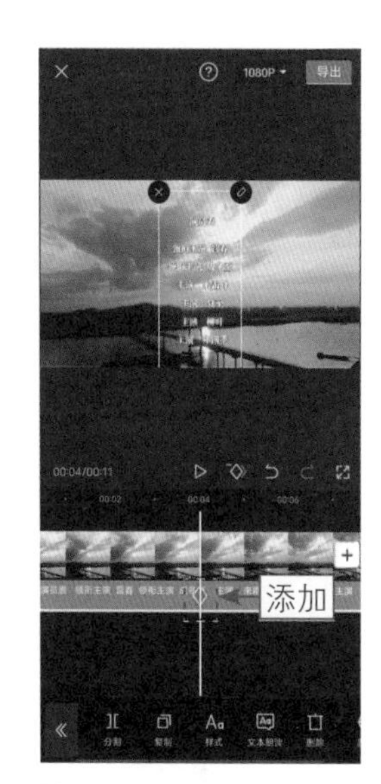

图 11-6　**添加关键帧（2）**

步骤 07 在文字素材的结尾位置点击“新建文本”按钮，如图11-8所示。

步骤 08 ❶输入另一段文字；❷选择合适的字体；❸调整文字的大小和位置，如图11-9所示。

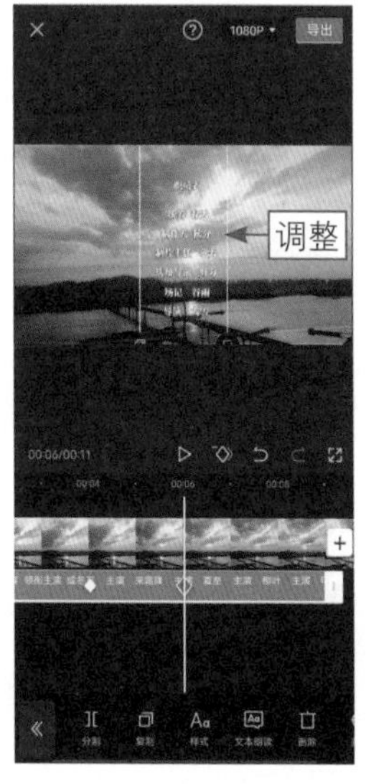

图 11-7　**调整文字的位置**

图 11-8　**点击“新建文本”按钮**

图 11-9　**调整文字的大小和位置**

步骤 09 ❶切换至“样式”选项卡；❷在“描边”选项区中点击⊘按钮，取消描边样式，如图11-10所示。

步骤 10 ❶切换至“动画”选项卡；❷选择“生长”动画；❸设置动画时长为1.5s，如图11-11所示。

图 11-10　点击相应按钮

图 11-11　设置动画时长为 1.5s

092　横版滚动字幕片尾

扫码看教程

扫码看成品效果

【效果展示】：横版滚动字幕片尾主要是把谢幕文字横着滚动播放，展示效果非常不错，而且不挡画面，效果如图11-12所示。

图 11-12　横版滚动字幕片尾的效果展示

下面介绍在剪映App中制作横版滚动字幕片尾的具体操作方法。

步骤 01 在剪映 App 中导入视频，把画面往上移动，露出黑色背景，如图 11-13 所示。

步骤 02 回到主页，依次点击“文字”按钮和“新建文本”按钮，如图 11-14 所示。

步骤 03 ❶输入文字内容；❷调整文字的时长，使期对齐视频的时长；❸点击“样式”按钮，如图11-15所示。

图 11-13　移动画面

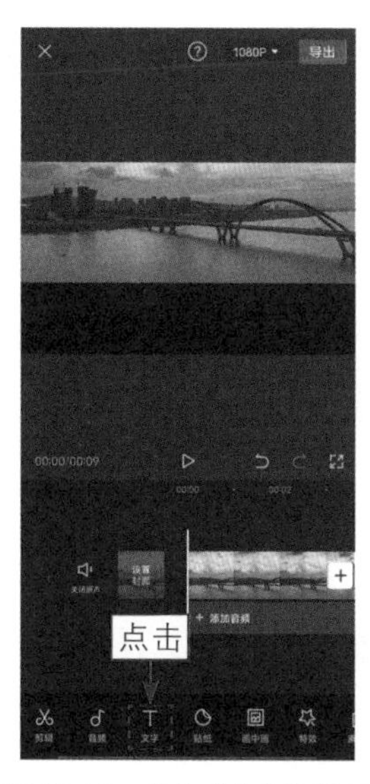

图 11-14　点击“文字”按钮

图 11-15　点击“样式”按钮

步骤 04 在“字体”选项卡中选择合适的字体，如图11-16所示。

步骤 05 ❶切换至“样式”选项卡；❷在“排列”选项区中选择第四个样式；❸设置“行间距”为20；❹调整文字的大小和位置，如图11-17所示。

图 11-16　选择字体

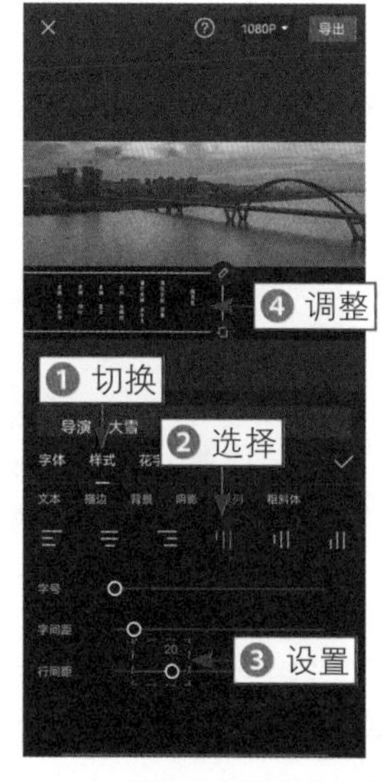

图 11-17　调整文字的大小和位置

步骤 06 在文字素材的起始位置点击◇按钮，添加关键帧，如图11-18所示。

步骤 07 ❶拖曳时间轴至视频末尾位置；❷调整文字的位置，使字幕效果由左往右移动，如图11-19所示。

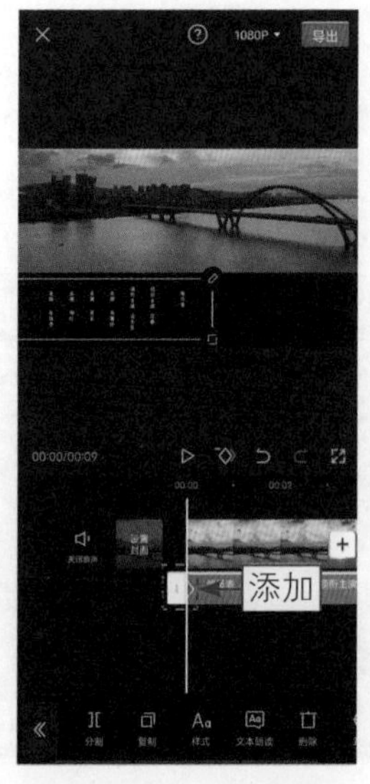

图 11-18 添加关键帧

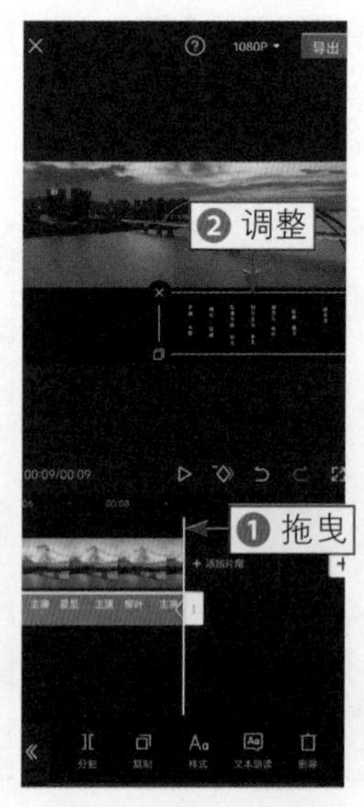

图 11-19 调整文字的位置

093 画中画字幕片尾

扫码看教程　扫码看成品效果

【效果展示】：制作画中画字幕片尾需要先制作滚动字幕，再添加到背景视频中，而且这种样式的片尾风格可以根据喜好来更改，效果如图11-20所示。

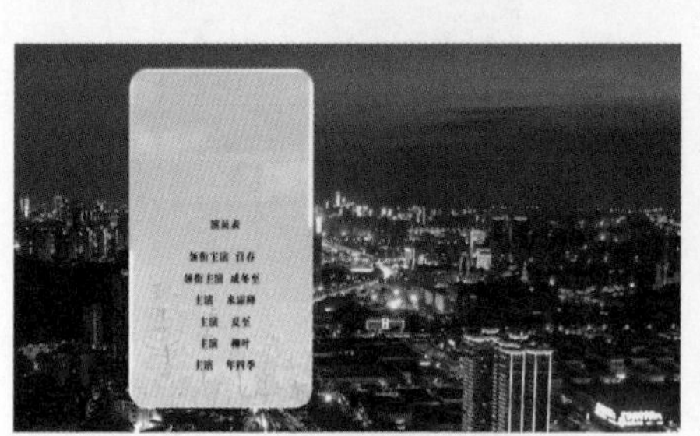

图 11-20 画中画字幕片尾的效果展示

下面介绍在剪映App中制作画中画字幕片尾的具体操作方法。

步骤 01 ❶在剪映App的“素材库”选项卡中选择透明素材；❷点击“添加”按钮，如图11-21所示，添加一段透明素材。

步骤 02 ❶设置素材的时长为10s；❷点击“比例”按钮，如图11-22所示。

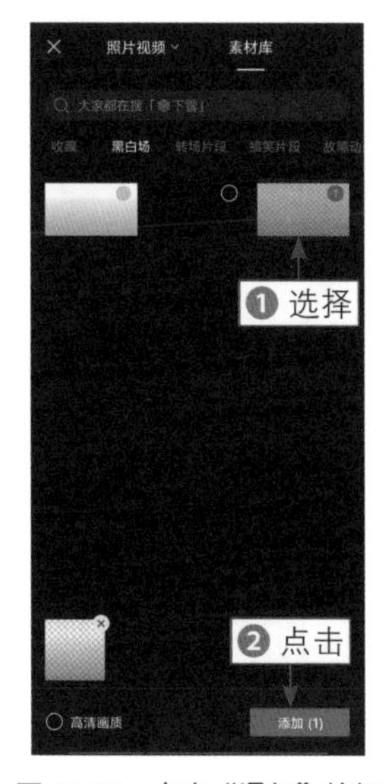

图 11-21　**点击“添加”按钮**

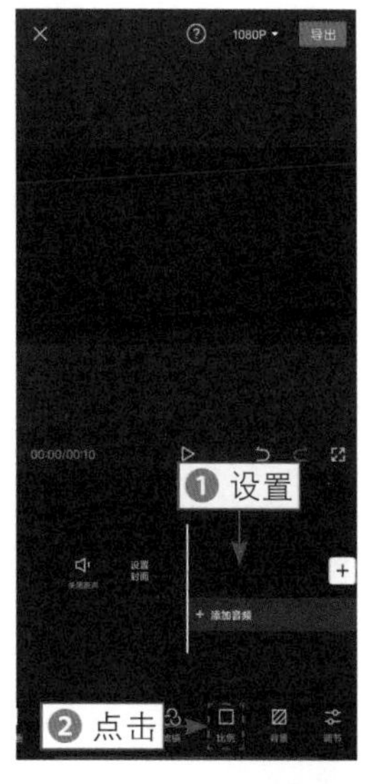

图 11-22　**点击“比例”按钮**

步骤 03 在弹出的面板中选择9 : 16选项，如图11-23所示。

步骤 04 回到上一级面板，依次点击“背景”按钮和“画布样式”按钮，如图11-24所示。

图 11-23　**选择相应的选项**

图 11-24　**点击“画布样式”按钮**

步骤 05 在“画布样式”面板中选择一款样式，如图11-25所示。

步骤 06 回到主页，依次点击“文字”按钮和“新建文本”按钮，如图 11-26 所示。

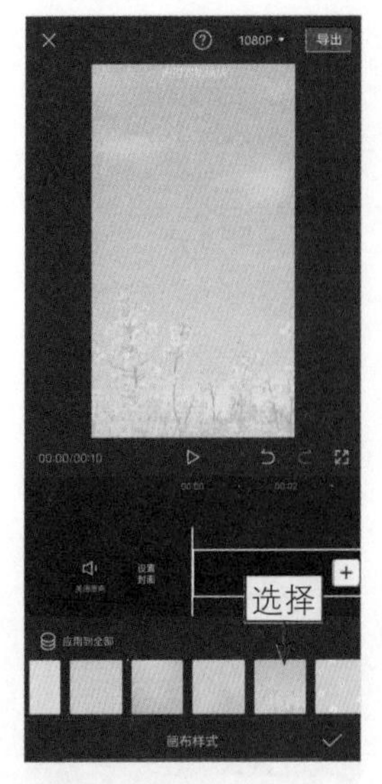

图 11-25 选择样式

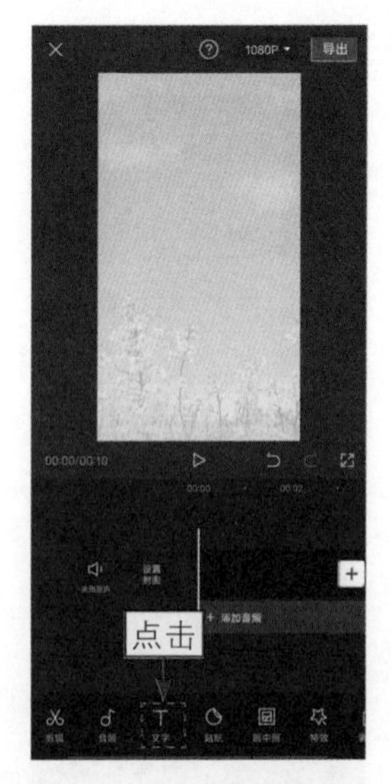

图 11-26 点击“文字”按钮

步骤 07 ❶输入文字内容；❷调整文字的时长，使其对齐视频的时长；❸点击“样式”按钮，如图11-27所示。

步骤 08 在“字体”选项卡中选择合适的字体，如图11-28所示。

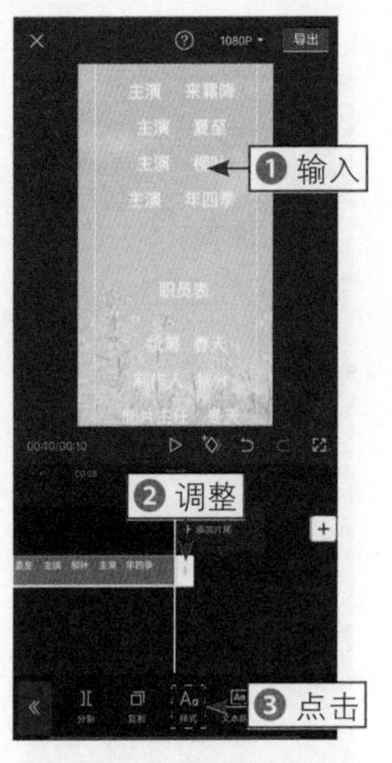

图 11-27 点击“样式”按钮

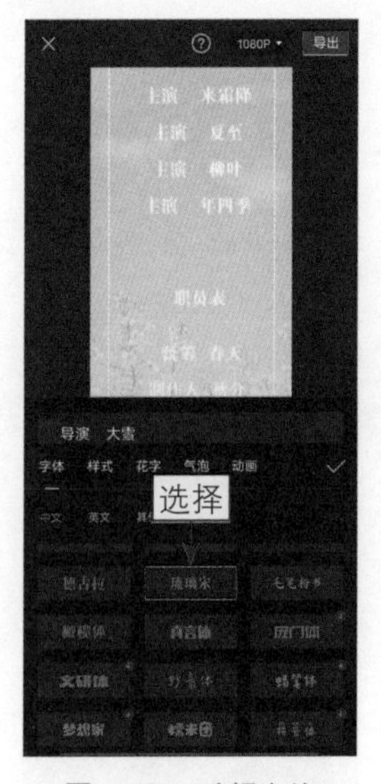

图 11-28 选择字体

步骤 09 ❶切换至“样式”选项卡；❷选择黑色；❸调整文字的大小和位置，如图11-29所示。

步骤 10 在文字素材的起始位置点击按钮，添加关键帧，如图11-30所示。

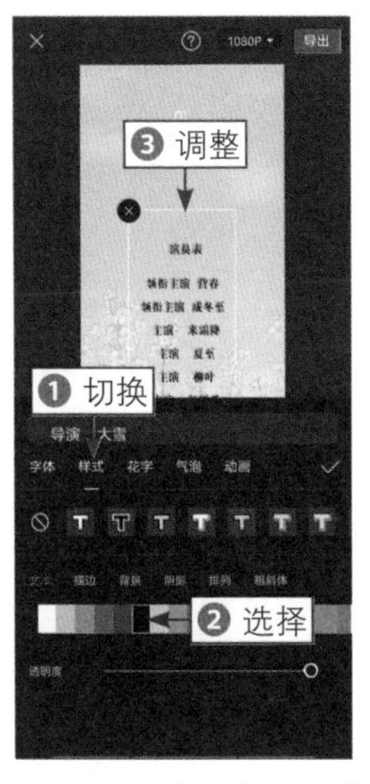

图 11-29　调整文字的大小和位置

图 11-30　添加关键帧

步骤 11 ❶拖曳时间轴至视频末尾位置；❷调整文字的位置，使字幕效果由下往上移动，如图11-31所示。

步骤 12 回到主面板，在视频起始位置依次点击“特效”按钮和“画面特效”按钮，如图11-32所示。

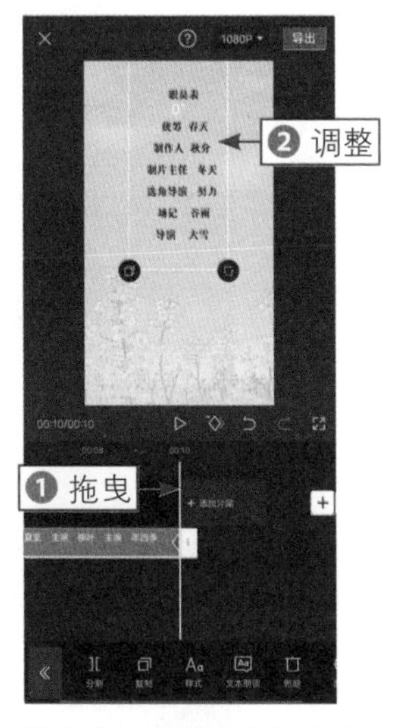

图 11-31　调整文字的位置

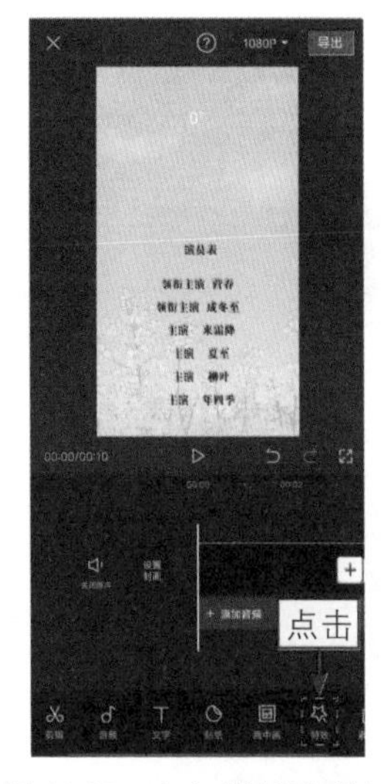

图 11-32　点击“特效”按钮

步骤 13 ❶ 切换至“边框”选项卡；❷ 选择“荧光边框”特效，如图 11-33 所示。

步骤 14 ❶调整特效的时长；❷点击“作用对象”按钮，如图11-34所示。

步骤 15 ❶在“作用对象”面板中选择“全局”选项；❷点击“导出”按钮导出素材，如图11-35所示。

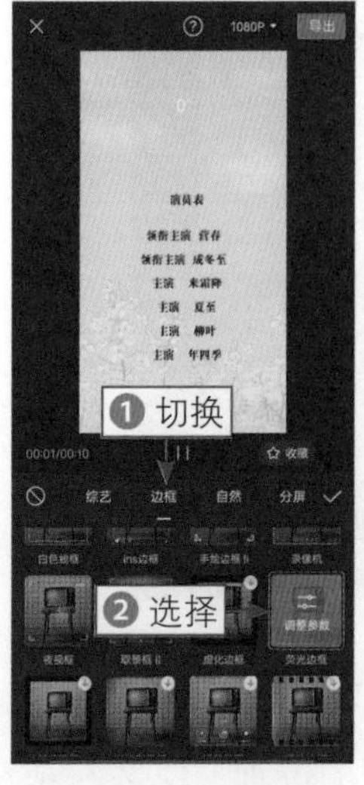

图 11-33 选择“荧光边框”特效

图 11-34 点击“作用对象”按钮

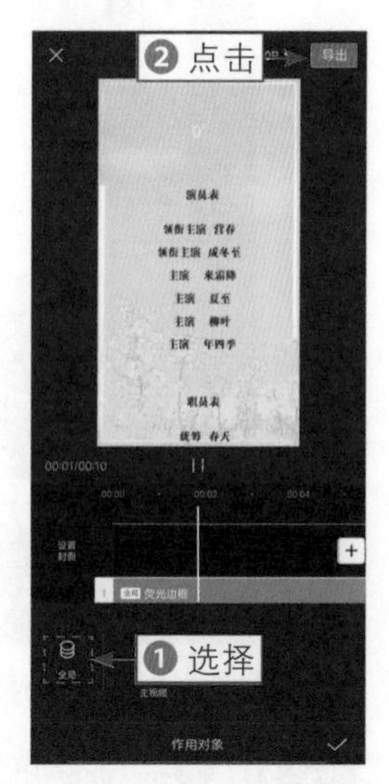

图 11-35 点击“导出”按钮

步骤 16 在剪映App中导入背景视频素材，依次点击“画中画”按钮和“新增画中画”按钮，如图11-36所示。

步骤 17 ❶在“照片视频”页面中添加刚导出的文字素材；❷调整素材的位置；❸点击“蒙版”按钮，如图11-37所示。

步骤 18 ❶选择“矩形”蒙版；❷调整蒙版的形状和大小，如图11-38所示。

图 11-36 点击“画中画”按钮

图 11-37 点击“蒙版”按钮

图 11-38 调整蒙版

094　高级感滚动片尾

扫码看教程

扫码看成品效果

【效果展示】：高级高滚动字幕在于不仅仅是让字幕滚动起来，而且把背景画面也滚动起来，制作出更高级的片尾，效果如图11-39所示。

图 11-39　**高级感滚动片尾的效果展示**

下面介绍在剪映App中制作高级感滚动片尾的具体操作方法。

步骤 01 在剪映App中导入背景视频素材，在视频起始位置点击◇按钮，添加关键帧，如图11-40所示。

步骤 02 ❶拖曳时间轴至视频4s的位置；❷调整视频画面的位置，使其处于画面最上方，如图11-41所示。

图 11-40　**添加关键帧（1）**

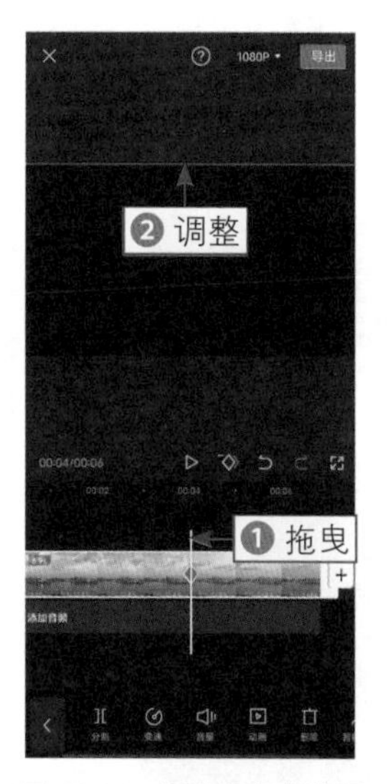

图 11-41　**调整视频的位置**

步骤 03 在视频起始位置依次点击“文字”按钮和“新建文本”按钮，如图 11-42 所示。

步骤 04 ❶ 输入文字内容；❷ 选择字体；❸ 调整文字的大小和位置，如

图 11-43 所示，并调整文字的时长，使其对齐视频的时长。

步骤 05 ❶切换至“动画”选项卡；❷选择“向上滑动”动画；❸设置动画时长为最大，如图11-44所示。

图 11-42 点击“文字”按钮

图 11-43 调整文字的大小和位置

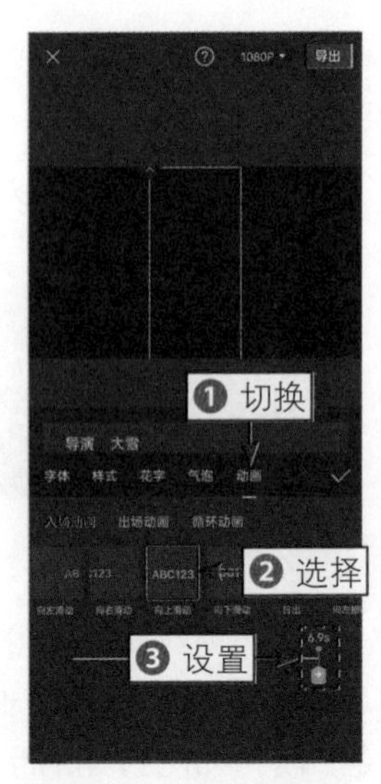

图 11-44 设置动画时长

步骤 06 在文字素材的起始位置点击◇按钮，添加关键帧，如图11-45所示。

步骤 07 ❶拖曳时间轴至文字素材的末尾位置；❷调整文字的位置，使字幕效果由下往上移动，如图11-46所示。

步骤 08 为视频添加合适的背景音乐，如图11-47所示。

图 11-45 添加关键帧（2）

图 11-46 调整文字的位置

图 11-47 添加背景音乐

095　Vlog视频片尾

扫码看教程　　扫码看成品效果

【效果展示】：在剪映App中还可以套用爆款模板制作Vlog视频片尾，制作过程非常快捷，而且效果非常精美，效果如图11-48所示。

图 11-48　Vlog 视频片尾的效果展示

下面介绍在剪映App中制作Vlog视频片尾的具体操作方法。

步骤 01 打开剪映 App，点击“我的”按钮；在“喜欢”选项卡中选择模板，如图 11-49 所示。

步骤 02 进入相应的页面，点击“剪同款”按钮，如图 11-50 所示。

步骤 03 ❶ 在“照片视频”页面中选择视频素材；❷ 点击“下一步”按钮，如图 11-51 所示。

步骤 04 预览画面效果，点击“文本编辑”按钮，如图 11-52 所示。

步骤 05 选择第二段文字，如图 11-53 所示。

图 11-49　选择模板

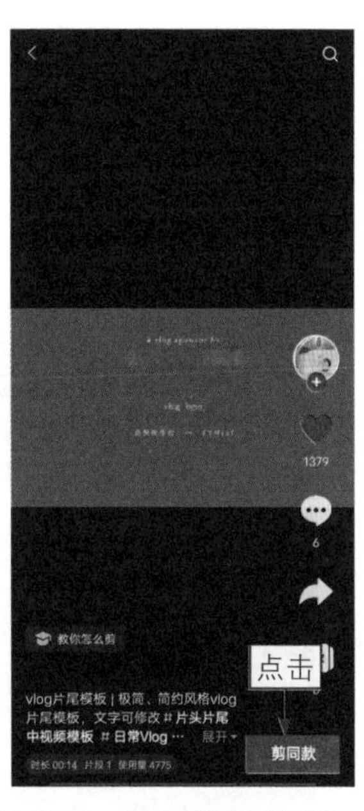

图 11-50　点击“剪同款”按钮

图 11-51　点击“下一步”按钮

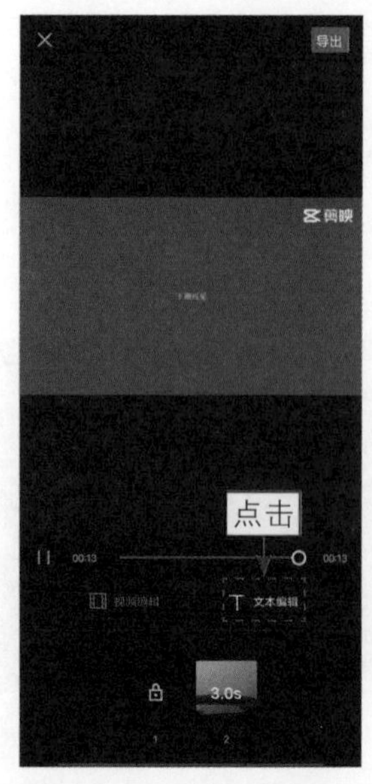

图 11-52　点击“文本编辑”按钮

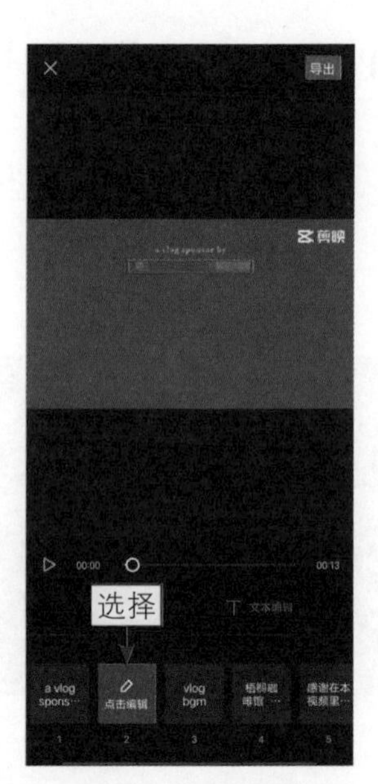

图 11-53　选择文字

步骤 06 ❶点击“点击编辑”按钮；❷更改文字内容，如图11-54所示。

步骤 07 用上述同样的方法，更改第六段文字的内容，如图11-55所示。

步骤 08 ❶点击“导出”按钮；❷在“导出设置”界面中点击“无水印保存并分享”按钮，如图11-56所示，导出无水印视频。

图 11-54　更改文字内容（1）

图 11-55　更改文字内容（2）

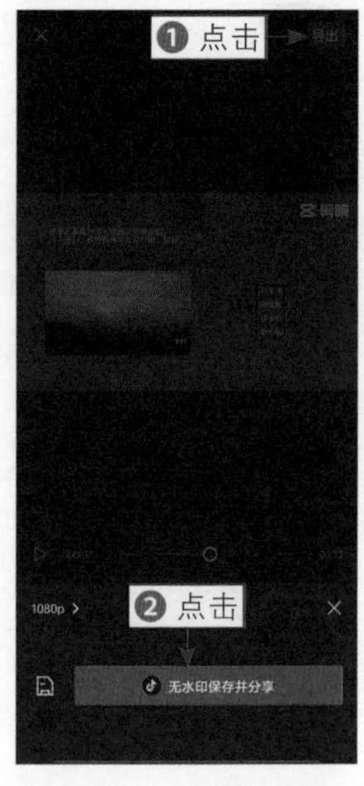

图 11-56　点击相应的按钮

096　特色边框片尾

扫码看教程

扫码看成品效果

【效果展示】：在剪映App中通过添加贴纸和边框特效就能制作出特色边框片尾，让片尾视频更有趣味性，效果如图11-57所示。

图 11-57　**特色边框片尾的效果展示**

下面介绍在剪映App中制作特色边框片尾的具体操作方法。

步骤 01 在剪映App中导入视频，❶缩小视频画面；❷依次点击“特效”按钮和“画面特效”按钮，如图11-58所示。

步骤 02 ❶ 切换至“边框”选项卡；❷ 选择“白色线框”特效，如图 11-59 所示。

步骤 03 ❶调整特效的时长；❷点击“作用对象”按钮，如图11-60所示。

图 11-58　**点击“特效”按钮**

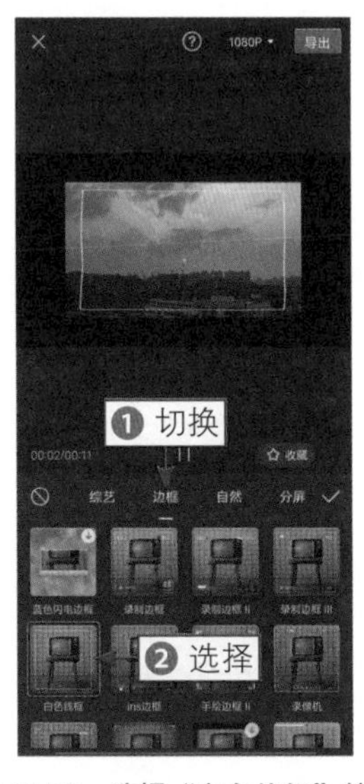

图 11-59　**选择“白色线框”特效**

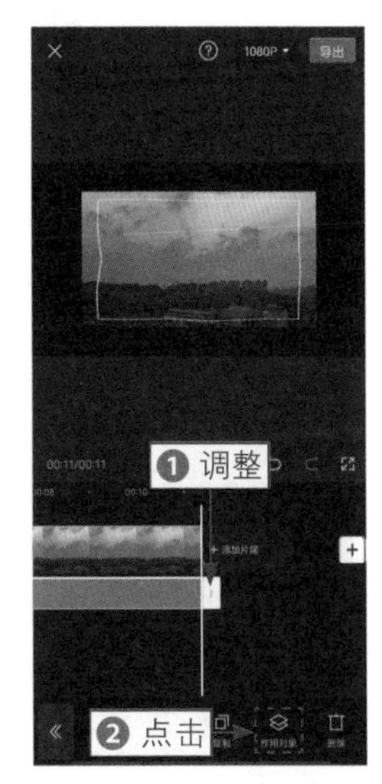

图 11-60　**点击相应按钮**

步骤 04 在“作用对象”面板中选择“全局”选项，如图11-61所示。

步骤 05 在视频的起始位置依次点击“文字”按钮和“添加贴纸”按钮，如

图11-62所示。

步骤 06 ❶搜索“电影”贴纸；❷选择一款贴纸，如图11-63所示。

图 11-61　选择“全局”选项

图 11-62　点击“添加贴纸”按钮

图 11-63　选择贴纸

步骤 07 ❶搜索“摄像机”贴纸；❷选择一款贴纸，如图11-64所示。

步骤 08 调整两款贴纸的时长和在画面中的大小、位置，如图11-65所示。

步骤 09 在视频起始位置点击“新建文本”按钮，❶输入文字内容；❷调整文字的时长约为7s；❸点击“样式”按钮，如图11-66所示。

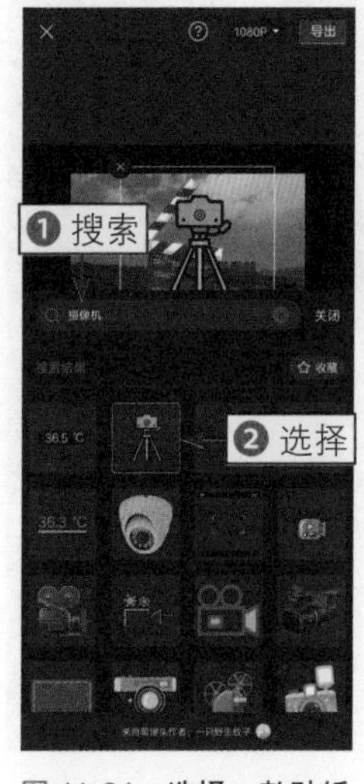

图 11-64　选择一款贴纸

图 11-65　调整贴纸

图 11-66　点击“样式”按钮

步骤 10 ❶选择合适的字体；❷调整文字的大小和位置，如图11-67所示。

步骤 11 在文字素材的起始位置点击◇按钮，添加关键帧，如图11-68所示。

步骤 12 ❶拖曳时间轴至文字素材的末尾位置；❷调整文字的位置，使字幕效果由下往上移动，如图11-69所示。

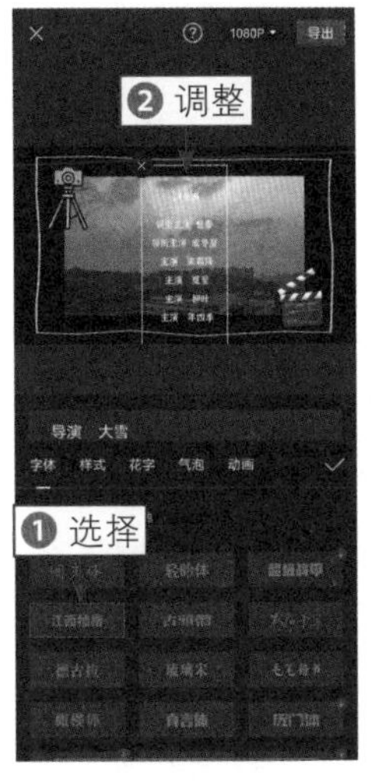

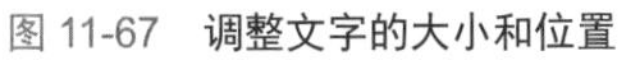
图 11-67　调整文字的大小和位置　图 11-68　添加关键帧　图 11-69　调整文字的位置

步骤 13 在第一段文字后一秒的位置点击“新建文本”按钮，如图 11-70 所示。

步骤 14 ❶ 输入文字；❷ 选择字体；❸ 调整文字的大小和位置，如图 11-71 所示。

步骤 15 ❶切换至“动画”选项卡；❷选择“生长”动画；❸设置动画时长为1.5s，如图11-72所示。

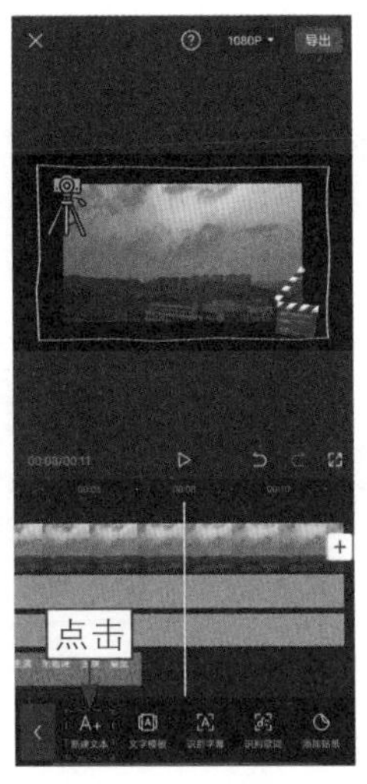

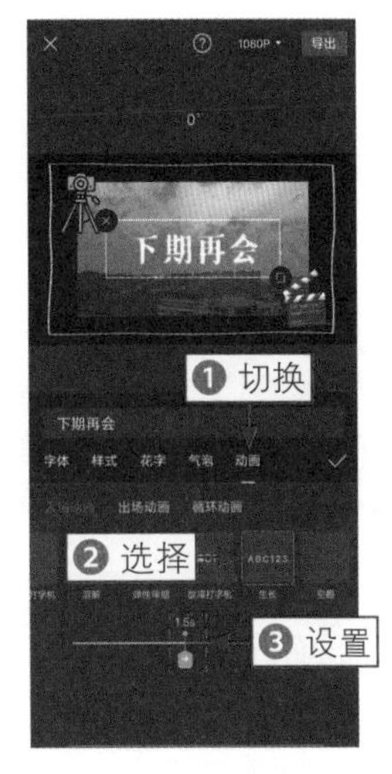

图 11-70　点击“新建文本”按钮　图 11-71　调整文字的大小和位置　图 11-72　设置动画时长

步骤 16 在“出场动画”选项区中选择“闭幕”动画，如图11-73所示。

步骤 17 调整该段文字的时长，对齐视频的末尾位置，如图11-74所示。

图 11-73　选择“闭幕”动画

图 11-74　调整文字的时长

097　结束谢幕片尾

扫码看教程

扫码看成品效果

【效果展示】：剪映App中的“剪同款”功能非常好用，这款结束谢幕片尾还带有语音，是各类视频都适用的风格，效果如图11-75所示。

图 11-75　结束谢幕片尾的效果展示

下面介绍在剪映App中制作结束谢幕片尾的具体操作方法。

步骤 01 打开剪映App，❶点击“我的”按钮；❷在“喜欢”选项卡中选择模板，如图11-76所示。

步骤 02 进入相应的页面，点击“剪同款”按钮，如图11-77所示。

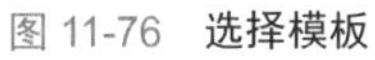
图 11-76　选择模板

图 11-77　点击“剪同款”按钮

步骤 03 ❶在“照片视频”页面中选择视频素材；❷点击“下一步”按钮，如图11-78所示。

步骤 04 预览画面确定效果后，点击“导出”按钮，如图11-79所示。

步骤 05 在“导出设置”界面中点击“无水印保存并分享”按钮，如图11-80所示，导出无水印视频。

图 11-78　点击“下一步”按钮

图 11-79　点击“导出”按钮

图 11-80　点击“无水印保存并分享”的按钮

《阿甘正传》电影解说

电脑版剪映

第 12 章

电影解说准备：5个核心技巧

本章要点

快节奏的生活方式，促进了电影解说行业的兴起，因为观众可以在几分钟或者十几分钟内看完一部两小时左右的电影。在这个短视频流量时代，电影解说市场并不饱和，可以说是朝阳产业，机会特别多。本章介绍制作电影解说视频的5个前期的重要技巧。

098　确定解说风格

在做电影解说视频之前，需要做一些前期准备，这些是准备也是方向，确定好方向之后就可以少走弯路。解说风格一定要提前确定好，这样才能有的放矢，风格确定好了之后就是获取电影素材和准备解说文案了。

在街上有美容店、杂货店和饭店等商铺；在超市里则有食品区、生鲜区、百货区等货品分区，为什么会有这些分类商铺和超市分区呢？当然最重要的原因就是为了方便顾客根据需求来选择服务和购买货品。电影解说行业中的观众和生活中的顾客是一个道理，他们的品位不同，需求不同，因此电影解说市场中的风格也需要分门别类。

电影解说的风格有很多种，有吐槽搞笑类的风格，如B站UP主“刘老师说电影”和“刘哔电影”；有恐怖惊悚类的风格，如“阿斗归来了”和“蔡老板家的长工”；有剧情类的风格，如“电影最TOP”和“小片片说大片”，他们往往能解说到观众注意不到的细节，而且非常有深度。

当然，做综合类电影解说的也有很多，如“木鱼水心”和“毒舌电影”，不过这种风格做得广又做得火的并不多。新人最好从某个风格着手，才是最便捷的，风格专一才能做得精，做出个人专属的特点，后续也能拓宽领域。

确定电影解说风格其实也是账号定位，如果不知道确定什么风格的，可以从个人兴趣出发，喜欢看什么类型的电影就做什么样的风格，这样更容易上手准备。

最直接的就是根据电影的类型来确定风格，如图12-1所示。

图 12-1　电影的类型

099 获取电影素材

确定解说风格之后，就可以选择一部合适的电影开始，前期最好选择大众一点、热门一点的电影练练手，因为这类电影是观众所熟悉的，后期就可以找一些冷门精品电影，逐渐开拓受众。

当然，做电影解说视频首先不能避免的就是版权问题，由于近些年来全社会的版权意识越来越强，因此为了避免侵权问题发生，自媒体方可以先与片方申请授权，在剪辑和解说中不能曲解电影原意和主题，也不能有过多的负面评价。再退一步，可以尽量减少电影中的重点画面来避免侵权问题发生。尤其要避免在影院上映和刚上映的影片，最好选择下线的电影，只要不进行负面评价，不过量地剧透，不影响影视公司的商业利益，解说其电影对影视公司来说还是有一定的宣传作用的。

获取影视公司的授权之后，就可以在正规视频平台上获取电影素材了。如果在视频平台上获取的电影素材有一些水印，就可以在微信小程序中去掉水印，如“快斗工具箱”等小程序，在微信搜索关键词就能找到。这类小程序去水印工具非常强大，复制作品链接进去就能一键去除水印。

如果水印实在去除不了，可以在剪映软件中运用贴纸功能，添加马赛克贴纸遮盖水印，也可以运用蒙版功能和添加模糊特效去除水印，如图12-2所示，就是在剪映软件中运用贴纸功能和蒙版功能去除水印。后期还可以将个人专属的水印遮盖在这些水印上面，使视频效果更加美观，本书的字幕特效章节会专门介绍如何添加个人专属水印。

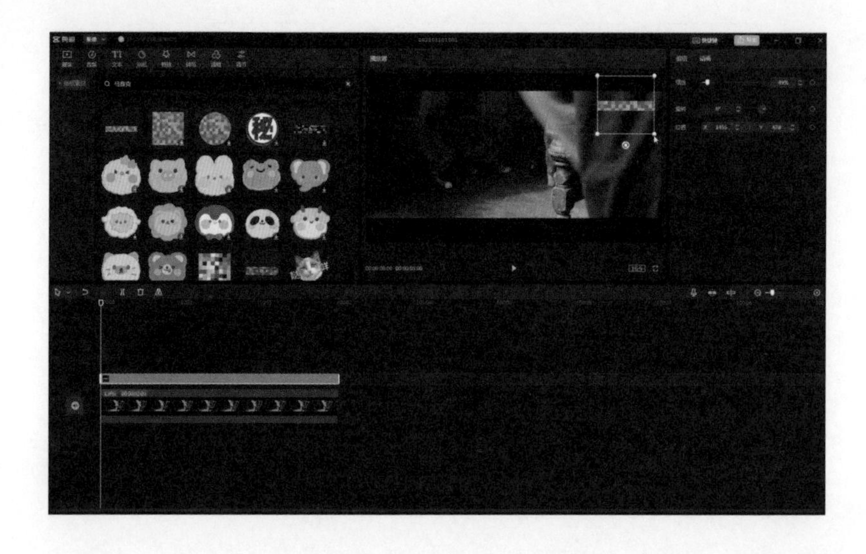

图 12-2　在剪映软件中去除水印的两种方法

由于大部分的电影素材都会有字幕，后期解说配音之后也会添加解说字幕，因此原电影素材中的字幕最好遮盖住，然后把配音字幕覆盖上去。怎么遮盖呢？也是按照去除水印的思路，添加马赛克贴纸盖住字幕，或者用运用蒙版功能和添加模糊特效盖住字幕。学会这些小细节，能让用户的视频制作过程更加有效率。

100　理清剪辑思维

制作电影解说视频最重要的核心就是理清剪辑思维，用思维来制定方法，在实践中才能得心应手，成功把一部复杂的电影剪辑成一段几分钟的解说视频。就剪辑思维而言，大部分都是理论知识，需要大家在实践中慢慢体会和升华。剪辑思维分为下面3步。

第一步是明白“剪辑”的定义，明白“剪辑”是什么。剪辑，顾名思义，就是裁剪和编辑。打个比方，一件衣服是由衣领、衣袖、衣襟、衣身和口袋等衣料组成，拼接这些衣料需要针线，拼接完成后，还需要染色或者印花，这样才是一件完整的衣服。而这里面的衣领、衣袖等内容可以看作电影视频素材，针线也可以看作是转场，后期染色和印花可以是滤镜、调色、音乐和特效等内容。衣服是由衣料等裁剪和编辑在一起的，解说视频是由若干个电影视频素材分解和组接在一起而成的。

当然，在剪辑操作之前，不能缺少的就是蓝图，电影解说视频的蓝图就是解说文案，后面会跟大家介绍。做衣服步骤再细细划分一下，衣料是需要针织出来的，而视频素材则是需要前期拍摄。当然，作为解说视频，不需要拍摄，因为素材是现成的，但制作解说视频也是属于二次创作。

理解“剪辑”的定义之后，就需要理清剪辑的思路，就一部作品而言，可以简单大致分为以下5个步骤，如图12-3所示。这里重点提一下叙事结构，因为写文章中有叙事结构，剪辑视频也一样。按照叙事方法分类有总分、总分总和分总等方法；按照叙事分类，有Vlog、知识解说、电影、卡点/混剪等。因此，在剪辑视频时，最好按照叙事分类来制订叙事方法，让视频作品更有逻辑性。

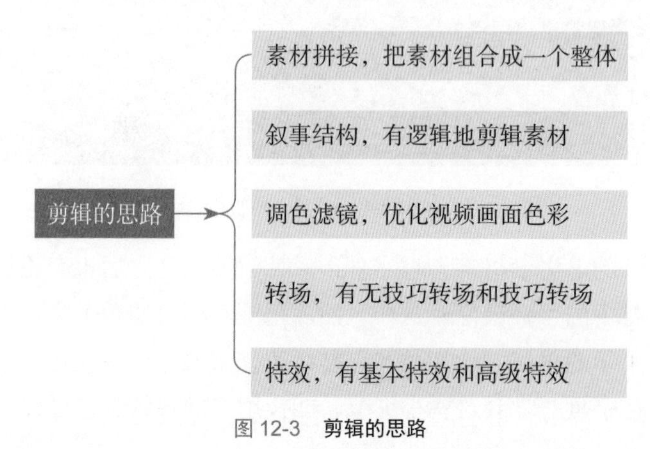

图 12-3　**剪辑的思路**

第二步是理解剪辑的六要素，一部成功的视频作品，离不开这六要素。第一个要素是情感（占比为51%），优秀的作品能把作者的情绪和视频的主题传递给观众，让观众感同身受；第二个要素是故事（占比为23%），没有故事的作品，逻辑性也不会很高，而且会让观众觉得乏味、无聊；第三个要素是节奏（占比为10%），音画统一有多重要，从各种卡点和混剪视频就能感受到；第四个要素是视线（占比为7%），视频中的主体一定要清晰明了，才能让观众知道你在拍什么，你要讲述什么事情；第五个要素是拍摄轴线（占比为5%），如左边景物，右边人像的布局，最好统一这种镜头布局；第六个要素是三维空间连续性（占比为4%），让镜头围绕中心主体切换。当然，一般情况下，后三个要素的作用比前三个要素要小一些。

第三步是做策划方案和制作脚本，就电影解说视频来说，一篇解说文案就是策划的精华所在，后期所有的剪辑工作都要围绕解说文案来展开。做解说文案最重要的就是要做原创文案，只有原创才能做出特色，走得更远。当然，对于新人来说，一开始做电影解说时，可以模仿其他人的解说风格，但文案不能照抄，不然就是侵权，而且抄袭是做自媒体的大忌。

一篇好的解说文案不只是把电影内容说出来，而是要说清楚，更重要的是要把重点说清楚，毕竟电影解说视频一般只有几分钟。

文案的风格也是根据电影风格而变的，比如，恐怖电影的文案肯定是悬疑感十足的，而剧情电影则比较偏现实或唯美。再者，还要根据电影的特点深挖不同的故事，比如电影的导演团队、演员有料可说或者背景故事值得详细展开，就可以从这些地方出发，毕竟一部大火的电影都是各方面因素综合起来的结果。

写解说文案还要注意语言的通俗性。在写论文或者报告时，语言文字可以专业一点，但就解说文案而言，文字越通俗越能让观众接受，毕竟电影解说视频也是带着娱乐性质的，而晦涩难懂的解说词只会吃力不讨好。

解说文案除了上面的说清楚之外，更重要的是要逻辑清晰，重点突出，让观众一听就明白。在文案解说中不能有太多的个人情绪，因为观众需要的是客观的评价，而过于激进或者偏袒的解说会给观众留下不好的印象。

文案的最后可以回归现实，最好把电影跟现实生活结合起来，让观众从电影中得到启示或者启迪，这样就能增加解说文案的深度，让观众有所收获。

当然，解说文案需要熟能生巧，最好多写多练，才能写出自己的特色，让电影解说视频更有深度，更有内涵。

电影解说文案的质量能决定视频的好坏，因为一篇好的文案能让电影解说视频轻松上热门，如图 12-4 所示为“豆瓣电影”公众号中的部分文案截图。如果没有看过《杰伊・比姆》这部电影，当你看完这篇文章之后，就会被编辑笔下描写的剧情所吸引，从而产生要去看这部电影的冲动。由此看来，解说文案的重要性是不可替代的，也是解说视频中的核心灵魂。

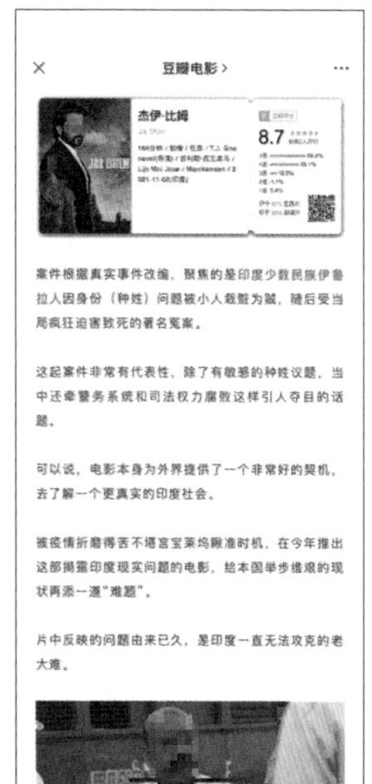

图 12-4　“豆瓣电影”公众号中的部分文案截图

101　制作配音素材

扫码看教程

扫码看成品效果

写完电影解说文案之后，需要把文案转换为语音，然后制作成音频素材。配音的软件有很多，免费的却不多，笔者运用WPS软件中的“朗读文档”功能进行配音，并同步录屏，后期在剪映中提取音频文件，并导入到视频中。

步骤 01 在WPS中打开文案文档，下拉页面，点击设备中的◎按钮，进行录屏，如图12-5所示。

步骤 02 ❶切换至“查看”选项卡；❷点击“朗读文档”按钮，进行配音，如图12-6所示。

图 12-5　**点击设备中的录屏按钮**

图 12-6　**点击“朗读文档”按钮**

步骤 03 当WPS中的系统人声朗读完所有文档内容之后，点击“退出”按钮，如图12-7所示。

步骤 04 点击设备中的◉按钮，如图12-8所示，停止录屏操作。

图 12-7　**点击“退出”按钮**

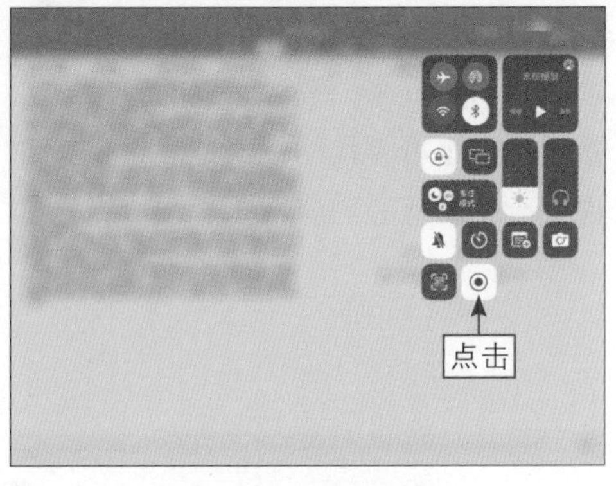

图 12-8　**点击录屏按钮**

102　制作解说封面

扫码看教程

扫码看成品效果

由于制作的解说视频一般都要投放到短视频平台中，所以，制作解说封面非常重要，一定要突出视频重点。

步骤 01 在剪映中单击“导入素材”按钮，导入照片素材并添加到视频轨道中，❶在“播放器”面板中单击“原始”按钮，设置画面比例为9:16；❷在“画面”面板中切换至“背景”选项卡；❸选择第四个“模糊”背景填充选项，如图12-9所示。

图 12-9　选择第四个“模糊”背景填充选项

步骤 02 ❶单击“文本”按钮；❷添加“默认文本”；❸输入文字内容；❹选择字体；❺在“预设样式”选项区中选择黑字黄底样式，并调整文字的大小和位置，如图12-10所示。

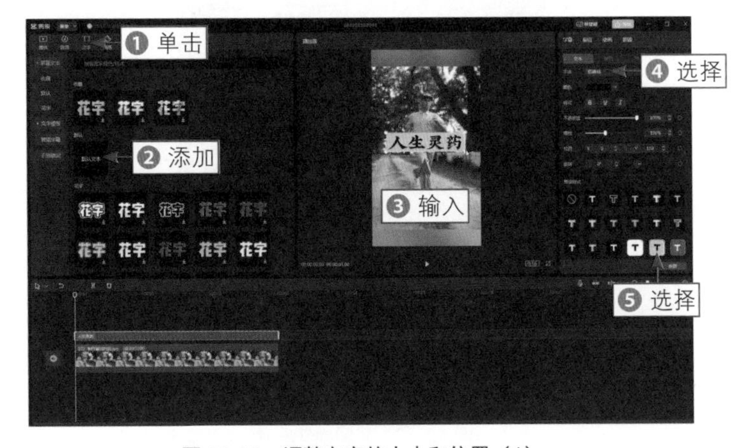

图 12-10　调整文字的大小和位置（1）

步骤 03 同理，❶添加第二段文字；❷选择字体；❸选择红色色块，并调整文字的大小和位置，如图12-11所示。

图 12-11 调整文字的大小和位置（2）

步骤 04 操作完成后，截取视频画面，保存下来，作为视频封面，效果如图 12-12 所示。

图 12-12 截图视频画面

第 13 章

《阿甘正传》电影解说：用电脑版剪辑中、长视频

扫码看成品效果

本章要点

前面的内容介绍的是手机版剪映App的操作，而电脑版剪映在剪辑中、长视频时更占优势，为了让大家对手机版剪映App和电脑版剪映都有了解，本章安排内容，重点介绍用电脑版剪映制作电影解说视频——《阿甘正传》，并分享电脑版剪映的六大核心功能。

103　导入电影素材

扫码看教程

【效果展示】：在剪映中制作电影解说视频的第一步就是导入电影素材，导入素材之后的效果如图13-1所示。

图13-1　导入电影素材的效果展示

下面介绍在剪映中导入电影素材的具体操作方法。

步骤 01 打开剪映专业版软件，在“媒体”面板中单击“导入素材”按钮，如图13-2所示。

步骤 02 ❶在“请选择媒体资源”对话框中选择电影素材；❷单击“打开”按钮，如图13-3所示。

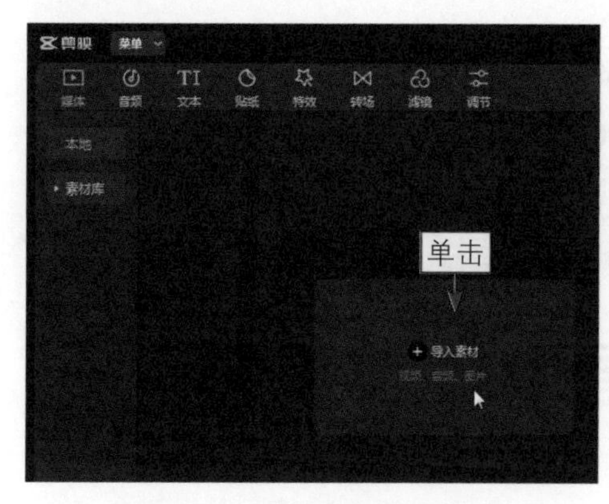

图13-2　单击“导入素材”按钮

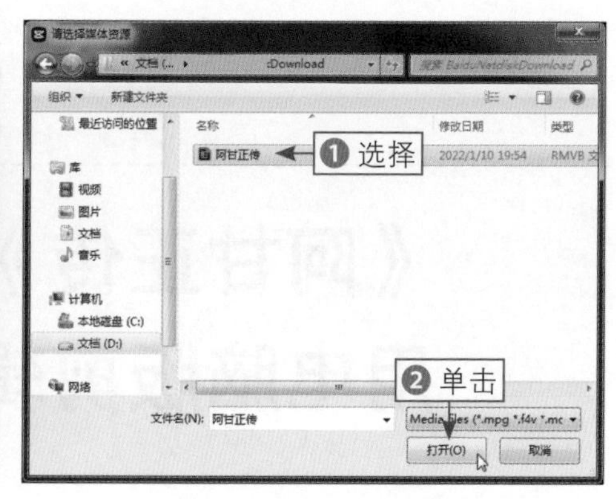

图13-3　单击“打开”按钮

步骤 03 导入电影素材之后，单击电影素材右下角的按钮，如图13-4所示。

步骤 04 单击“关闭原声”按钮，把视频设置为静音，方便后期添加解说音频，如图13-5所示。

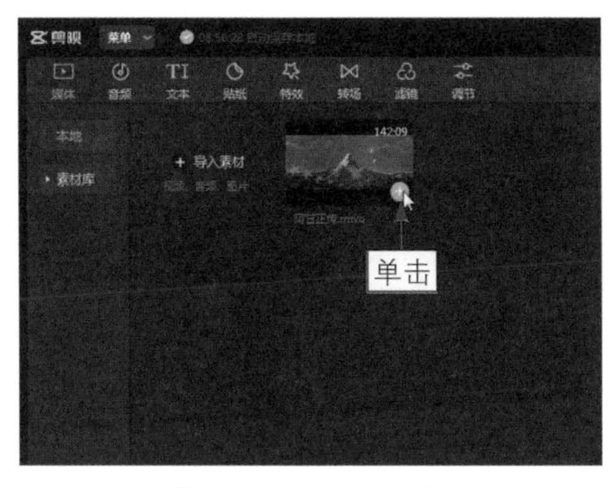

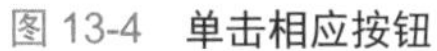
图 13-4　单击相应按钮

图 13-5　单击“关闭原声”按钮

104　添加解说音频

扫码看教程

【效果展示】：导入电影素材之后，就可以添加上一章节中录制的解说音频了，因为是视频文件，所以要提取视频中的音频，画面效果如图13-6所示。

图 13-6　添加解说音频的画面效果展示

下面介绍在剪映软件中添加解说音频的具体操作方法。

步骤 01 在“媒体”面板中单击“导入素材”按钮，如图13-7所示。

步骤 02 导入解说音频素材至“本地”选项卡中之后，❶拖曳解说音频素材至画中画轨道中；❷单击鼠标右键，在弹出的快捷菜单中选择“分离音频”命令，如图13-8所示。

步骤 03 提取音频轨道之后，在“音频”面板中选择“女生”变身选项，让解说声音变成女生的声音，如图13-9所示。

步骤 04 根据文案，微微调整音频的时长，❶选择解说音频素材；❷单击“删除”按钮，删除素材，如图13-10所示。

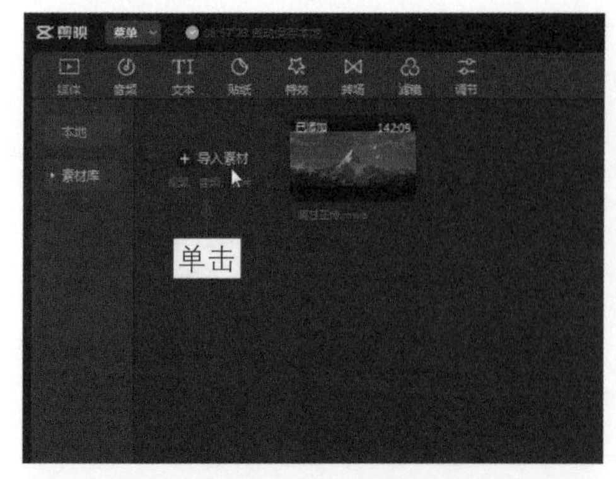

图 13-7 单击“导入素材”按钮

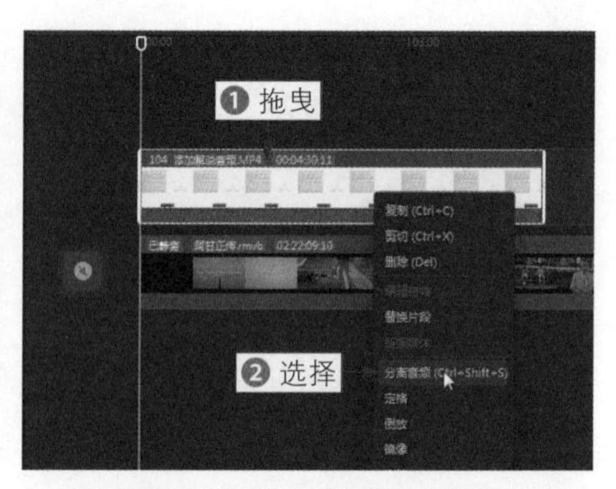

图 13-8 选择“分离音频”选项

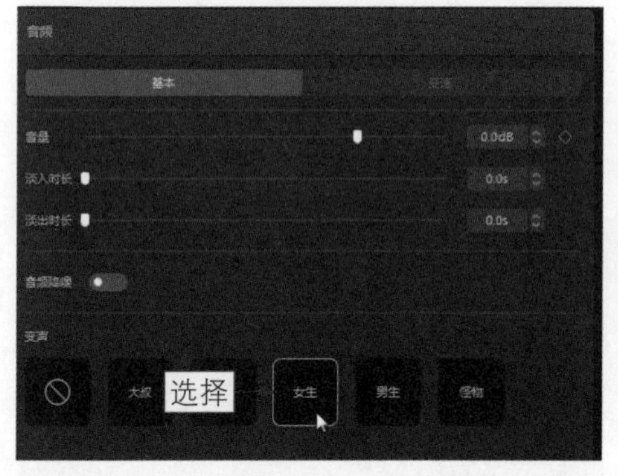

图 13-9 选择“女生”变身选项

图 13-10 单击“删除”按钮

105 根据配音剪辑素材

扫码看教程

【效果展示】：添加解说音频之后，需要根据配音剪辑素材，把140多分钟的电影素材剪辑成只有4分钟左右的解说片段，效果如图13-11所示。

图 13-11 根据配音剪辑素材的效果展示

下面介绍在剪映软件中剪辑素材的具体操作方法。

步骤 01 ❶拖曳时间指示器至配音中提及的“跑步”画面位置上；❷单击“分割”按钮，如图13-12所示，分割素材。

步骤 02 ❶拖曳时间指示器至“跑步”画面结束的位置；❷单击“分割”按钮，如图13-13所示，继续分割素材。

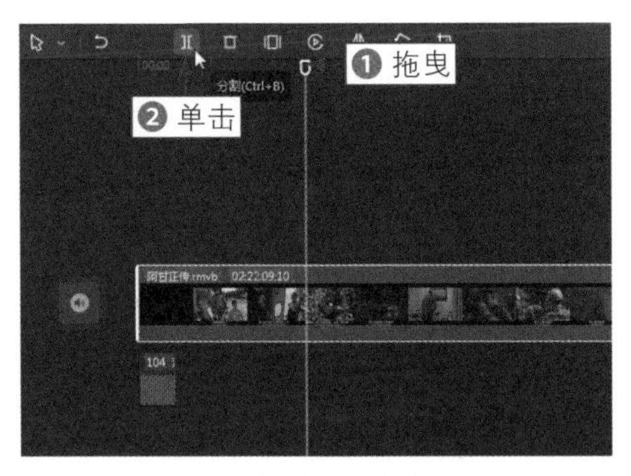

图 13-12　**单击“分割”按钮（1）**

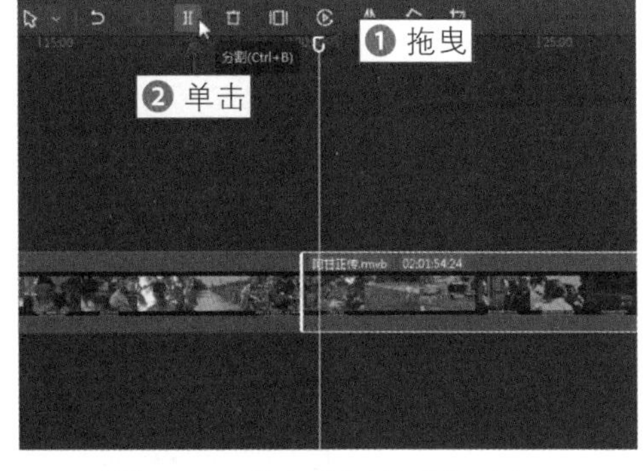

图 13-13　**单击“分割”按钮（2）**

步骤 03 长按并拖曳分割后的“跑步”片段至配音对应的位置，如图13-14所示。

步骤 04 用与上述同样的方法，把剩下的素材进行同样的分割和拖曳处理，把电影素材中的重要片段剪辑出来，并与配音内容相对应。还可以拖曳素材左右两侧的白框，调整素材的时长，如图13-15所示。剪辑电影素材的方法就是上面这两种，由于整部电影素材的时长很长，处理时间有几个小时，所以教学视频就不把剪辑和调整素材的全过程录制进去了，大家最好把电影多看几遍，这样就能提升剪辑效率。

图 13-14　**拖曳素材至相应的位置**

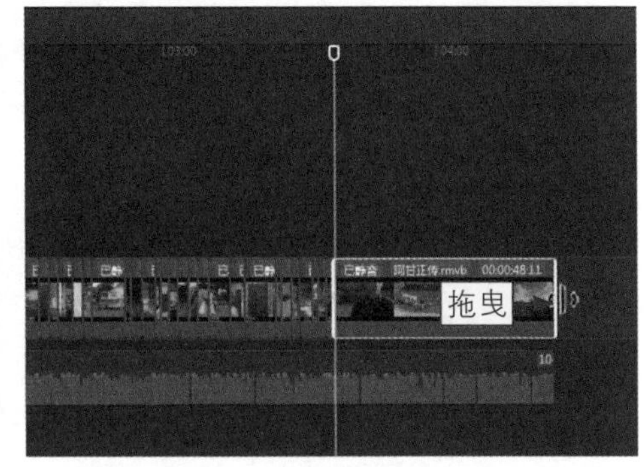

图 13-15　**调整素材的时长**

★ 专家提醒 ★

剪辑过程需要非常耐心，因为要剪辑与配音同步的画面，这是一个慢工细活。

106 添加解说字幕

【效果展示】：添加解说字幕能方便观众理解视频内容。由于制作的视频要投放短视频平台，而且一般是用手机观看的，所以，需要调整画面比例，效果如图13-16所示。

图 13-16 添加解说字幕的效果展示

下面介绍在剪映软件中添加解说字幕的具体操作方法。

步骤 01 ❶在视频起始位置单击“文本”按钮；❷切换至“智能字幕”选项卡；❸在“文稿匹配”选项中单击“开始匹配”按钮，如图13-17所示。

步骤 02 ❶粘贴解说文案内容；❷单击“开始匹配”按钮，如图13-18所示。

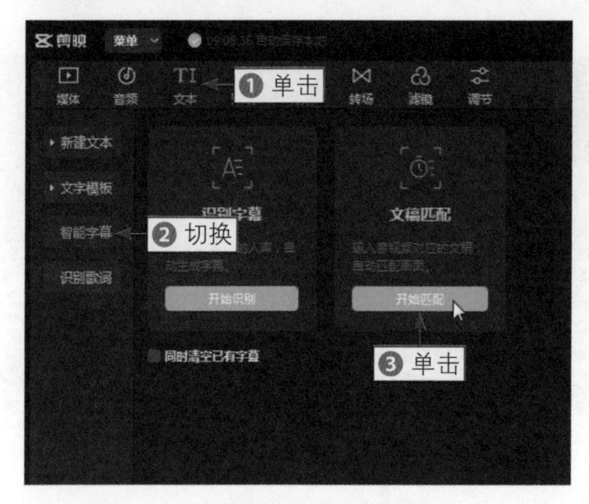

图 13-17 单击“开始匹配”按钮（1）

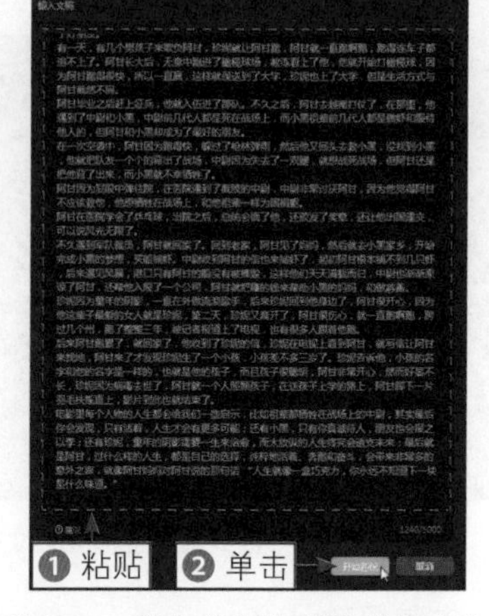

图 13-18 单击“开始匹配”按钮（2）

步骤 03 匹配完成后，时间线面板上会生成文字轨道，❶设置画面比例为

9:16；❷为字幕选择字体，如图13-19所示。对于部分敏感字词，要把字词换成首字母大写。

图 13-19　选择字体

107　制作片头片尾

扫码看教程

【效果展示】：制作个性的片头片尾，不仅能让电影解说视频有个人的特色，还能提醒观众关注发布者，提升粉丝量，效果如图13-20所示。

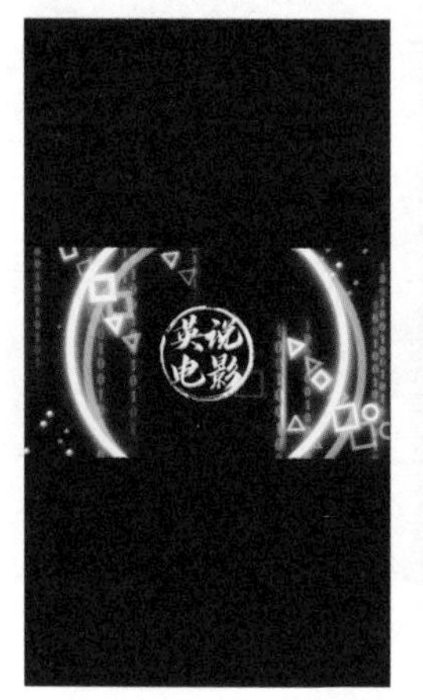

图 13-20　制作片头片尾的效果展示

下面介绍在剪映软件中制作片头片尾的具体操作方法。

步骤 01 ❶在“媒体”面板中切换至“素材库”选项卡；❷展开“片头”选项区；❸单击所选片头素材右下角的⊕按钮，如图13-21所示，添加片头素材。

步骤 02 拖曳片头素材右侧的白框，调整片头素材的时长，如图13-22所示。

图 13-21 单击相应按钮

图 13-22 调整片头素材时长

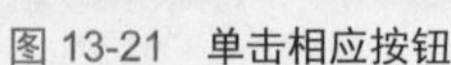步骤 03 ❶单击“文本”按钮；❷切换至“文字模板”选项卡；❸添加一款文字模板；❹更改文字内容并调整其大小；❺调整文字的时长，对齐片头素材的时长，如图13-23所示。

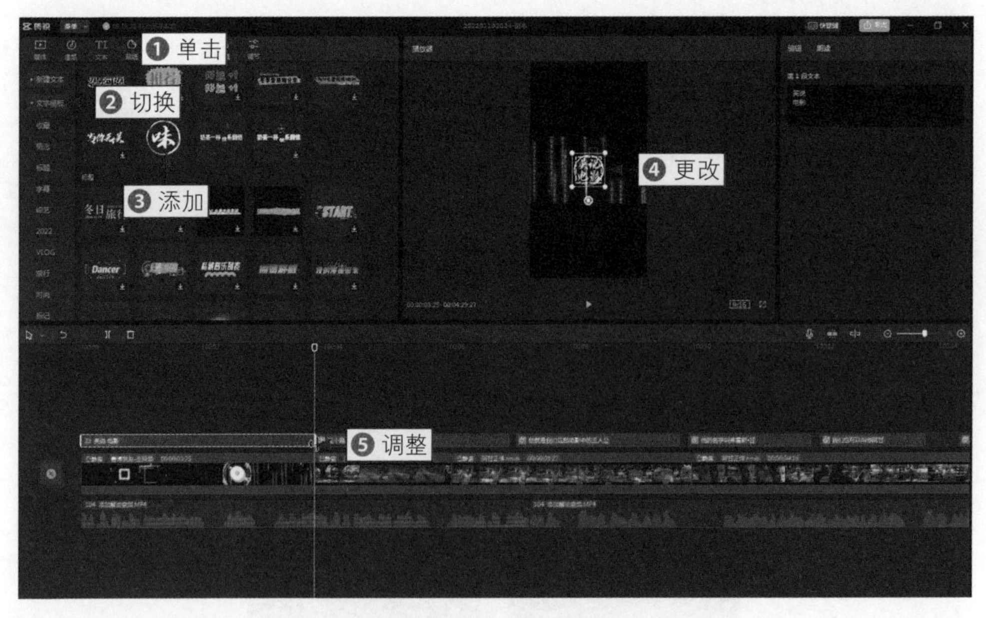

图 13-23 调整文字的时长

步骤 04 ❶单击“音频”按钮；❷切换至“音效素材”选项卡；❸搜索

"开场"音效；❹添加"影视开场音效"；❺调整音效的时长和轨道位置，如图13-24所示。

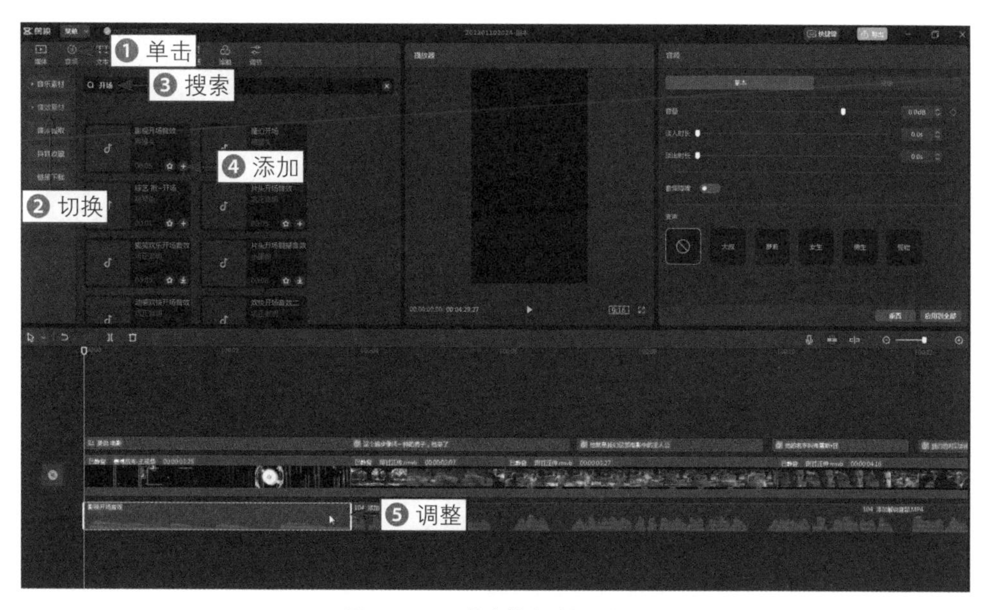

图 13-24　**调整音效的时长和位置**

步骤 05 ❶在视频末尾位置单击"文本"按钮；❷在"文字模板"选项卡中添加一款精选文字模板；❸更改文字内容；❹微微放大文字，如图13-25所示。

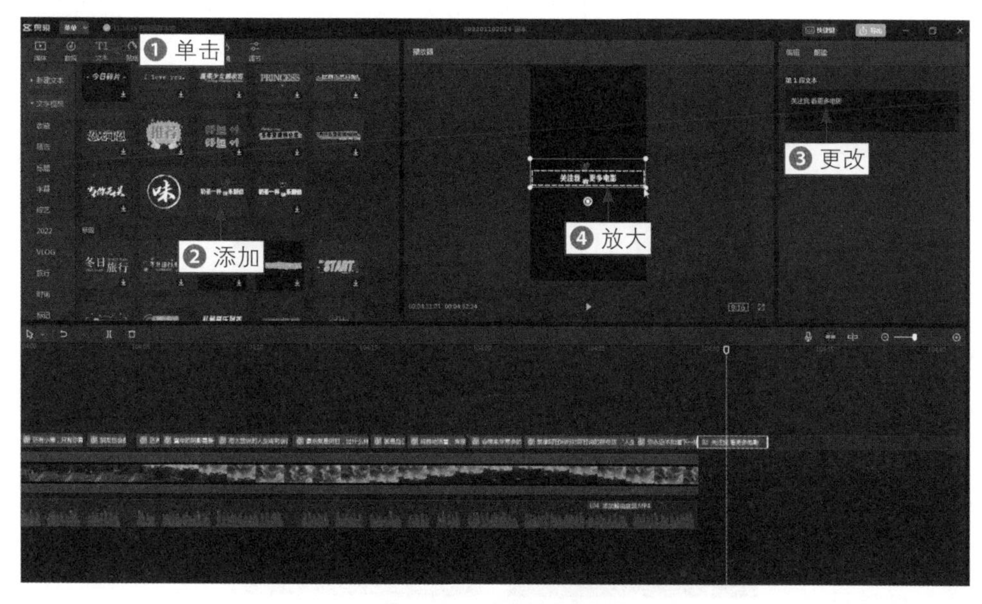

图 13-25　**微微放大文字**

步骤 06 ❶ 在视频末尾位置单击“音频”按钮；❷ 在“音效素材”选项卡中搜索“关注”音效；❸ 单击所选音效右下角的 按钮，如图 13-26 所示，添加音效。

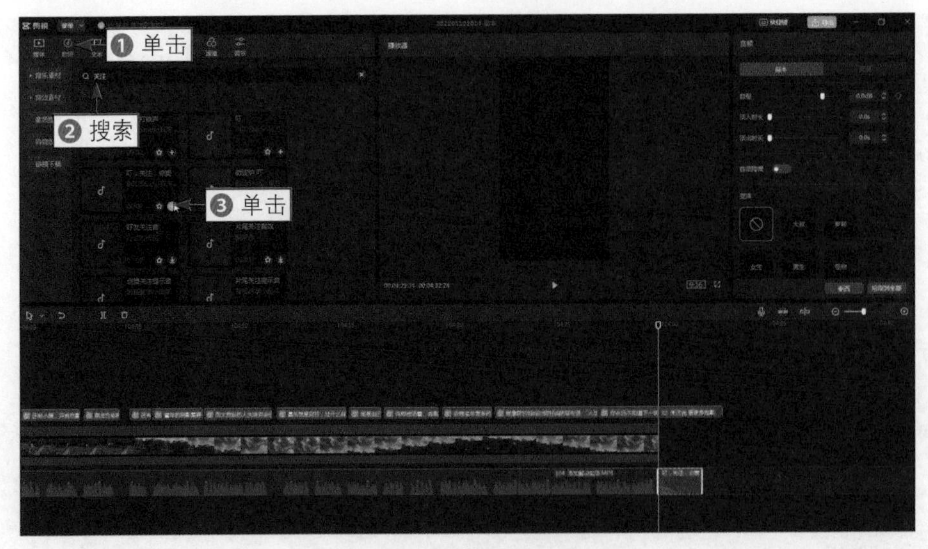

图 13-26 单击相应按钮

108 添加背景音乐

扫码看教程

【效果展示】：如果视频中只有解说的声音，会有些单调，这时可以添加纯音乐，让背景声音更加丰富，画面效果如图13-27所示。

图 13-27 添加背景音乐的画面效果展示

下面介绍在剪映软件中添加背景音乐的具体操作方法。

步骤 01 ❶在片头素材末尾位置单击“音频”按钮；❷切换至“纯音乐”选项卡；❸单击所选音乐右下角的按钮，如图13-28所示，添加背景音乐。

步骤 02 在“音频”面板中设置“音量”为-20.7dB，如图13-29所示，降低背景音乐的音量。

图 13-28 **单击相应按钮**

图 13-29 **设置“音量”数值**

步骤 03 ❶拖曳时间指示器至视频3分钟左右的位置；❷单击“分割”按钮，如图13-30所示，分割音频。

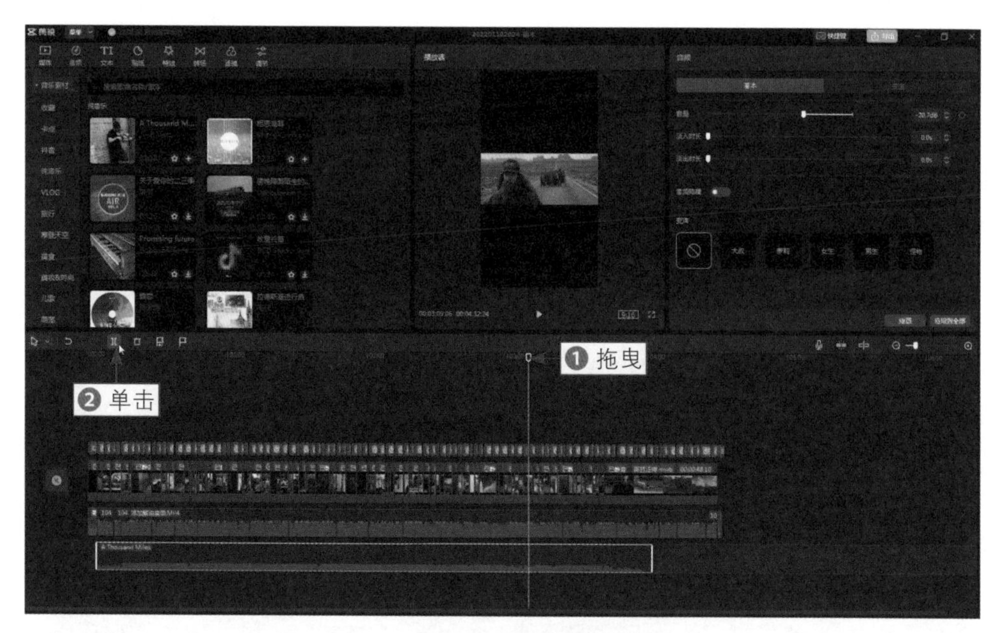

图 13-30 **单击“分割”按钮（1）**

步骤 04 ❶拖曳时间指示器至视频3分半钟左右的位置；❷单击“分割”按

钮，如图13-31所示，继续分割音频。

图 13-31　单击“分割”按钮（2）

步骤 05 拖曳分割后的第三段音频素材至视频末尾位置，并拖曳素材左侧的白框，调整音频的时长，如图13-32所示。

图 13-32　调整音频的时长